森林
インストラクター

森の動物・昆虫学のすすめ

西口親雄

八坂書房

目　次

まえがき

第1章　哺乳動物の食べもの　9

野ネズミ　12
野ウサギ　25
ニホンジカ（通称　シカ）　34
ニホンカモシカ（通称　カモシカ）　43
ニホンツキノワグマ（通称　ツキノワグマ）　50
ニホンザル（通称　サル），ヒト　55

第2章　森の安全保障システム　59

森の動物とは　63
森の昆虫（総論）　70
昆虫の異常発生［Ⅰ］食葉昆虫　73
食葉昆虫大発生における餌植物の条件　88
昆虫の異常発生［Ⅱ］吸汁昆虫（外部寄生）　92
昆虫の異常発生［Ⅲ］虫こぶ昆虫　98
松くい虫（二次性穿孔虫）　110

松材線虫病（エイズ型松枯れ）　　118
　　　スギ・ヒノキの穿孔虫　—林業大害虫—　　125
　　　一次性穿孔虫　—広葉樹と共生—　　133

第3章　森の掃除屋　—生態系の分解者—　137

　　　枯木の分解者　　140
　　　落葉・落枝の分解者　　147
　　　糞虫　牧場の掃除屋　　150

　参考文献　　155

　あとがき　　159

資　料　編　161

　　索　引　195

まえがき

　この本は、私が、山形大学農学部林学科で5年間つづけた「森林昆虫学」の講義ノートが土台になっている。森林昆虫学というのは、森林に害を与える昆虫をいかに防除するか、という生産技術学で、学問的には、応用昆虫学の一分野になる。

　しかし、昆虫を木材生産の障害という視点でしかとらえない森林昆虫学では、森林生態系の解明という、現代的要請に応えることはできない。森のなかには、じつにさまざまな昆虫が見られる。かれらは、森林生態系の構成員として、それぞれ存在意義をもって生活しているはずである。その存在意義を、一つひとつ明らかにしていくのが、これからの森林昆虫学ではないか、と思う。新しい森林昆虫学の構築が求められている。

　山形大学農学部で造林学教室の教授だった須藤昭二先生は、そのことを感じとられていたのだろうか、私に「森林昆虫学」の講義をしてみないか、と話をもちかけてくださった。世の中が昭和から平成に変わったころである。私はもともと、森林昆虫学の専門家だったが、そのころは、東北大学農学部で、農学科や畜産学科の学生相手に、「森林生態論」なる講義をしていて、専門の講義ができずに、多少、いらいらが蓄積した状態にあった。須藤先生の申し入れは、干天に慈雨だった。

　林学科の学生は、大部分が将来、森林関係の仕事につくことを目ざしている。だから、森林昆虫学の講義といっても、昆虫そのものを教えることではなく、昆虫が森にとって、どんな存在なのか、その意味を理解させ、森林管理に役立てることが重要ではないか、と考えた。

　私がもし、森林昆虫の研究ばかりやっていたら、山形大学での講義も、従来のような、型にはまった講義をしたにちがいない。しかし、私は、東北大学演習林で森林管理の実務についていたし、学生に対する講義では

「森林生態論」をやっていたので，森林全体を見る訓練ができていた。

そこで山形大学で講義をするにあたって，私が考えた構想は，昆虫をとおして，森の生態系のしくみを教える，というものだった。幸い，森林昆虫学は，森林につよい影響を与える昆虫に関しては，膨大なデータを蓄積している。しかしこのデータは，一般の生態学研究者には，ほとんど知られていないし，森林生態学の研究者にさえも，あまり知られていないものである。これを使えば，ユニークな森林生態学の教科書ができるにちがいない。

森のなかの昆虫を見る視点を変えてみると，害虫防除の考え方も変わってくる。害虫防除にポイントを置いた森林昆虫学では，講義は，どうしても技術論になり，無味乾燥なものになってしまうが，視点を変えてみると，意外におもしろく，学生の反応も大きかった。受講した学生のひとりがいった。虫を見る目が変わったと。

生態系として見る場合，昆虫だけをとり出すのは片手落ちである。そこで私は，「森林昆虫学」という講義題目にもかかわらず，哺乳動物も講義の対象とした。生態系から見れば，昆虫も哺乳動物も，同じ消費者の位置にある。そして，生きた植物を食べて生きている，という点では，植物を破壊する危険性をはらんだ寄生者でもある。生態系は，生産者（植物群）を破壊するおそれのある寄生者に対しては，集団安全保障のルールを課しているが，その場合，昆虫も哺乳動物も区別していない。

この講義ノートを再整理し，テキスト・ブックとしても使えるようにしたのが，この本である。

最近，大学教育の仕組みがどんどん改変され，全国の大学から，林学科は消えつつある。研究対象よりも，研究手法でまとめる，というのが最近の傾向にある。だから，森林に関する教育研究も，環境保護学科とか，生物生産学科とかに分解されつつある。昔のやり方にくらべ，どちらがよい

のか，私も判断に迷うが，いずれにしても，森林全体がわかる先生がいなくなってくることはまちがいない。

　しかし，林学科が消えても，森林は消えない。むしろ，最近は，ますます重要な存在として，一般の人々に認識されつつある。森林を勉強したい人，森林を仕事の場にしたい人，森林のなかで遊びたい人は，ますます増えつつある。そして森林を管理する組織は，国有林，民有林という形で存在しつづけている。ドイツでは，なりたい職業の第一は，森林官だそうだ。日本でも，だんだん，そんな傾向が現われはじめているようにみえる。しかし，森林官になりたい人は，公務員試験を受けなければならない。

　この本は，テキスト・ブックとしての形態をとっているが，それは，公務員試験を受ける人にとっても，役に立つように，という著者の気持ちからである。

　最近はまた，森林浴ばやりである。私も，NHK文化センター仙台教室と泉教室で，森林ガイドの講師をつとめている。ガイドがついて，植物や動物や，さらには森の生態系に関する知識を学ぶことができれば，森林浴も一段とたのしくなる。

　そんな要望に応えて，林野庁は平成4年度から，「森林インストラクター」という資格制度を発足させた。この試験に合格すれば，森のことを教える知識と技能があることを認定する，というものである。

　この資格をとれば，森林関係の仕事につける，というものではないが，最近，この試験を受ける人が激増している。林野庁を退職して，余生に森林ガイドをするなら，話もわかるが，最近は，20代，30代の若者の受験が多いという。

　環境庁でも，このような自然観察のインストラクター制度を発足させる，という話を聞いた。今回の本は，このような資格試験の受験者にとっても役立つように，と考えてつくった。受験者にとって覚えやすいように，問

題点を箇条書きにした。また，内容を理解しやすいようにコメントをつけたが，受験勉強としては箇条書きの部分を勉強すればよい，と思う。しかし，暗記はすすめられない。ものごとを理解することが，最良の記憶法であるからだ。

　これからの森林インストラクターは，植物や動物の名前を教えるだけで終わってはいけない。小さな虫たちでも，それぞれに存在意義をもっている。そこまで話ができると，一般の人々にも，森はたのしく，おもしろいところだ，という印象を与えるだろう。この本には，そんな話をできるだけ取り入れた。だから，森林インストラクターの資格をとった人にも，この本はおおいに役立つだろう。

　改訂版への一言

　私は，毎年夏，森林インストラクターをめざす人たちのための講習会で「森林の動物」を担当している。講義の内容は，本書に書いたことを基礎においているが，本書に書いてない，おもしろい話も二，三あって，今回の改訂を機に，それを加えることにした。

　改訂ということで，いままた，この本を読みかえしてみた。自分でいうのも変な話だが，動物・昆虫学の専門家が書いた本にはみられない，おもしろさがある。それはなんなのか。自分でも，その理由がうまく説明できない。しいていえば，私が，森林昆虫学の専門家から逸脱して，森林学を，幅広く，自由に考えるアマチュアになったことが，その背景にあるからだ，と思う。森林インストラクターのみなさんも，森林を，規成概念にとらわれず，自由な発想で見て，考えてもらいたい，と願っている。

　この本を出して6年になるが，あまり手を加える必要はない，と思い，改訂は最小限にとどめた。

2001年1月1日

第1章
哺乳動物の食べもの

　平成6年，群馬県玉原高原「朝日の森」で，私を講師にして「6月のブナ林を歩く」という催しが行なわれた。年配の方から林学を専攻する若い女の大学生さんまで，30人ほど参加された。比較的平坦な森のなかに，しっかりした遊歩道がとおっていて，とても気持ちよい森林浴がたのしめた。
　1日目は，白い幹肌のブナの森のなかを霧が流れて，コルリやクロジの声を，ふんだんに聞くことができた。これらの野鳥は，奥山の深いブナの森を生息の場としている。
　2日目は，木漏れ日のさす森のなかで，ブナやミズナラの葉にチャバネフユエダシャクという，黄褐色の尺取り虫をたくさん見つけた。チャバネフユエダシャクというのは，冬に成虫（蛾）が出てくる，いわゆる「冬尺」と呼ばれるグループの一員である。いろいろな樹種の葉を食べる，広食性の蛾である。とくにポプラ類やミズナラの葉を好む。ブナの葉を食べるという記録もあるが，硬いブナの成葉を本当に食べるのか，私は多少疑問に思っていたのだが，玉原での観察で，やはりブナの葉を食べることを知った。このブナの森で，チャバネフユエダシャクが，ふだん，どの程度発生しているのか不明だが，平成6年はかなりの発生数であったといえる。
　ご婦人方は一般に，いもむし・けむしをきらうが，蛾の幼虫が，森の小鳥たちの重要な食料であることを話すと，虫を見る目も変わってくる。虫がたくさんいると，森に豊かさを感じる。

　玉原のブナの森を歩いていて，ブナやコシアブラの幹に，動物の食痕が

数多くみられた。樹皮に刻まれた歯形から，野ネズミのものと判断したが，傷痕が新しいから，その年の冬，雪の下でかじられたものだろう。

平成5年の秋は，全国的にブナが豊作となった。玉原の森でもよく結実したようだ。ブナの実の古い殻が一面に散乱している。そして，このブナの実を食べて野ネズミが大発生したらしい。

ブナの実が豊作になると，その後，野ネズミがよく大発生する。この場合，木の実食いのアカネズミやヒメネズミが大発生する場合と，草木の根食いのハタネズミが大発生する場合がある。今回の野ネズミは，樹木の樹皮を食害していたから，大発生したのはハタネズミだろう。

哺乳動物は，森の生態系のなかの重要な構成員であるが，その多くは夜行性だし，人を警戒しているから，私たちが森のなかで遭遇することは，きわめて少ない。だから，なんとなく遠い存在に思うのだが，その糞や食痕（フィールドサイン）は，よく目にすることができる。つまり，フィールドサインに着目すれば，哺乳動物の動きが身近に伝わってくるし，さらに森のなかの出来事まで知ることができるのである。

玉原でのもう一つの発見は，コシアブラという木に野ネズミの食痕が多かったことである。コシアブラの新芽は，山菜として，なかなかいい味がある。このことから，野ネズミの味覚や嗅覚が，人のそれと同質であることを知るのである。

私は仕事がら，小学生から大学生，生協の若いお母さんたちから，高齢者のグループまで，さまざまな人たちを森に案内する。草木の花，野鳥の声，蝶やカミキリムシ，目につくもの，耳にするものは，なんでも説明の対象になる。そのなかで，みなさんが共通して興味を示すのは，山菜やキノコの話，食べられるか毒になるか，というような，食・毒・薬の話である。食べるという行為は，人の生活のなかでは，もっとも重要な部分であるし，食べたら死ぬ，というような命にかかわることは，人にとっては最

大の関心事であることがわかる。

　動物の行動をみると，種族を維持するための行動（なわばり行動・繁殖行動・育児行動など）と，自己の生命を維持するための食行動がある。前者の行動は，それ自体興味のあるものではあるが，人間の存在に直接かかわってくるものではない。しかし，哺乳動物の食行動は，人の食行動と類似性があり，われわれに与えるインパクトはつよい。

　そこでこの本では，森の哺乳動物を語るにあたっては，食べものに焦点をあてた。そして，その食性をとおして，生態系における哺乳動物の存在意味を考えてみた。

野ネズミ   ネズミ科

　家ネズミ（クマネズミ，ドブネズミ，ハツカネズミなど）なら見る機会もあるが，専門家でもないかぎり，野外で野ネズミを見た人は，まずいないだろう。日本の森林・原野には，かなりの密度で生息しているのだが，野ネズミに出会えるのは，幸運な人といえる。

　専門家だから野ネズミに会える，というものでもない。雪解けの雑木林を歩いていて，野ネズミを見つけたのは女房のほうだった。どんな形をしていた，ときいても，かわいい目をしていた，というだけで，それが草原ネズミだったか森ネズミだったか，結局わからなかった。もし，尾が長いか，耳が大きいか，など，見るポイントを知っていれば，瞬間にでも，森ネズミか草原ネズミかの判断ができたであろう。

　姿を見ることは困難としても，樹木に刻まれた食痕や糞，あるいは雪上の足跡など，いわゆるフィールドサインに着目すれば，比較的容易に野ネ

図―1
野鳥の巣箱を利用したヒメネズミ

ズミの存在を知ることができる。インストラクターは，そのサインをとおして，観察者たちを野ネズミの世界へ導くことも可能となる。

　野ネズミは，見ることの少ない，小さい動物ではあるが，植林苗を食害するという行為で人間活動に強烈なパンチを与え，一方では，餌として多くの肉食動物や野鳥（タカ・フクロウ）の生活を支えている。森の生態系に欠くことのできない存在でもある。

　観察者たちに，野ネズミの存在意義まで解説できれば，インストラクターとしても一人前といえる。

1　森にすむ野ネズミのおもな種類

　森にすむ野ネズミは，次の2亜科に大別される。

	種類	分布地域
ハタネズミ亜科	ハタネズミ	本州・九州
	スミスネズミ	四国
	エゾヤチネズミ	北海道
ネズミ亜科	アカネズミ	北海道・本州・四国・九州
	ヒメネズミ	北海道・本州・四国・九州

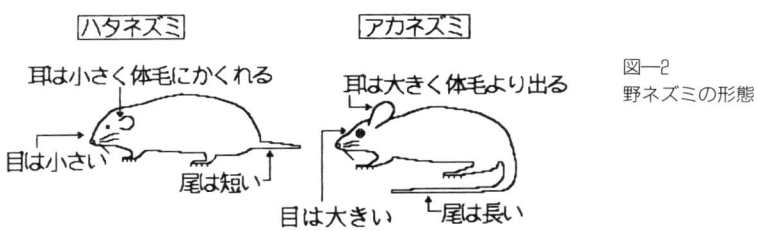

図—2
野ネズミの形態

2 野ネズミ 2 亜科の形態的特徴

野ネズミ 2 亜科のちがいは 3 点ある。

	ハタネズミ亜科	ネズミ亜科
①尾長	頭胴長の 1/2 以下	頭胴長と同じくらい
②目	小さい	大きい
③耳	体毛にかくれる	大きく，体毛から出る

【コメント】
● スミスネズミは本州・四国・九州に分布するが，ハタネズミにくらべると原始的で，競争によわく，本州・九州では森林内の岩場などで，細々と生活しているが，四国にはハタネズミがいないので，ハタネズミの生活空間を独占している。
● 2 亜科の形態的差異は生態のちがいを反映している（後述）。

3 野ネズミ 2 亜科の生態的特徴と林業への影響

ちがいは 3 点ある。

	ハタネズミ亜科	ネズミ亜科
①食性	草食	昆虫食，木の実食
②生活型	土中にもぐり，体の露出をきらう	地上走行，ときに木に登る（ヒメネズミ）
③森林への影響	植林苗を食害（林業害獣）	土中の害虫を捕食（天敵の働き）

【コメント】
● ネズミ亜科のものが，尾が長いのは，地上や木の上を走行するのにバランス

をとりやすいから。耳が大きいのはキツネやテンの足音を，目が大きいのはフクロウ類やタカ類を警戒している証拠。
● ハタネズミ亜科のものは，夏季は野草を食べるが，冬季から早春にかけては木本植物の幹基部や根をかじり，しばしば植林苗にも害を与える。（ハタネズミ→スギ・ヒノキ，エゾヤチネズミ→カラマツ・トドマツ）

図―3
エゾヤチネズミの食痕

● ネズミ亜科のアカネズミやヒメネズミは，木の実や昆虫を餌としているが，土中のハバチ類の幼虫や蛹を捕食することも多く，ハバチの密度抑制に重要な働きをしている。

4　野ネズミの生息場所

森林植生と野ネズミ優占種の関係は下表のとおりである。

	北海道	本州・九州	四国
①針葉樹林	ヒメネズミ	同	同
②落葉広葉樹林	アカネズミ	同	同
③草原・ササ原	エゾヤチネズミ	ハタネズミ	スミスネズミ

16 　野ネズミ

【コメント】
●私は，ハタネズミ亜科のものを，ササ原に好んで生息するので，「草原ネズミ」と呼んでいる。しかし，森のなかでも，ちょっとした空間があり，ササ群落があれば，草原ネズミは生息する。たとえば，ブナの森のなかの，小さな空間（生態学でギャップと呼んでいる）にササ群落（クマイザサ，チシマザサ）があれば，ハタネズミが生息する。
●草原ネズミに対して，樹林内に好んですむネズミ亜科のものを「森ネズミ」と呼んで，区別している。

5　堅果類の，森ネズミに対する防衛戦略

堅果は，それ自体がタネ，つまり栄養のかたまりだから，さまざまな動物，とくに野ネズミにねらわれる。そこで，樹木たちは，次のような防衛戦略を練っている。

木の実	防衛法	
①コナラ属	タンニン	渋い
②トチノキ	サポニン	苦い
③オニグルミ	外殻強化	硬い
④ブナ	豊作年を長間隔	ブナの存在を忘れさせる

【コメント】
●コナラ属のどんぐり
　どんぐりは，食べると渋いものが多い。これはタンニンによる。タンニンは，蛋白質と結合して変性しやすく，多量に食べると肝障害をひき起こすという。しかし，強烈な毒ではないので，ツキノワグマやアカネズミなどは，どんぐりを重要な食料にしている。

第1章　哺乳動物の食べもの　17

　クヌギとミズナラのどんぐりに対する野ネズミの反応をみると，クヌギはおいしいらしく，野ネズミは，その場で食べてしまうことが多いという。一方，ミズナラのどんぐりは渋みがつよく，野ネズミは，すぐには食べずに，巣にもちかえって貯える。ミズナラは，貯蔵された場所で発芽するチャンスを得る。これを「タンニン効果」と私は呼んでいる。

　貯蔵どんぐりは渋みが消えるようだ。私は，雑木林でコナラのどんぐりを食べてみた。秋，落ちたばかりのものは渋くて食べられなかったが，越冬したものを拾って食べてみたら，甘味があっておいしかった。もしかしたら野ネズミは，貯蔵すれば渋みが消えることを知っているのかもしれない。（渋柿も，寒気にさらすと甘くなる。）

●トチノキの実

　トチノキの実はクリに似て，いかにもおいしそうにみえるが，サポニンという強烈な毒成分を含んでいて，これを常食する動物はいない。リスでさえ，よほど空腹にならないと，手を出さない。トチノキの防衛戦略は，完全に成功したようにみえた。しかし，一つだけ思惑がはずれた。人類の出現である。

　縄文人は，トチノキの実をアク抜きして，食料にした。ヒトはトチノキの防衛戦略を突破した唯一の動物であるが，アク抜きは，ある意味では生態系のルール違反である。このあたりから，ヒトは生態系のシステムからはみ出すことになる。

●エゴノキの実

　サポニンを含む。食べてみると，苦くて渋くて，舌がしびれる。サポニンは，動物の胃の粘膜を破壊するらしいので，要注意。ヤマガラは，秋になると，盛んに貯える。低温にさらされると，毒はいくらかでも分解して，食べられるようになるのだろうか？

●オニグルミの実

　中味は，脂肪分が多く，生でも食べられ，おいしい。当然多くの動物にねらわれるが，オニグルミの作戦は，外殻をきわめて強固にしたこと。野ネズミも

18　野ネズミ

たじたじと思われる。ただ，リスだけは，前歯をいっそう強大にして，オニグルミの殻をやすやすと割る。それに対抗して，オニグルミは殻をますます強固に改造していく。現在，リスとオニグルミのあいだで，熾烈な戦争が展開中。

●ブナの実

　脂肪分が多くて，堅果類のなかでは，もっともおいしいもの。毒性がない。野ネズミも，ツキノワグマも大好物。栄養満点だから，ブナの実が豊作になると，野ネズミは大増殖する。一般のどんぐりのように，隔年結実では，野ネズミの増殖を促進するだけになる。

　ブナが考えた作戦は，豊作年を五，六年に一度という，長間隔に延ばしたこと。豊作年には，大量の実をならせ，野ネズミが集まって，食べても食べても，食べ残しが出る。残ったタネから，発芽する。

●木の実の栄養価（カロリー）とおもな栄養成分を表—1に示した。

表—1　木の実の栄養成分（100gあたり%）

種類	カロリー	蛋白質	脂肪	炭水化物	灰分
クリ	180	3.1	0.5	40.6	0.8
シイ	280	4.5	0.4	63.5	1.2
トチノキ	369	3.1	6.1	75.4	1.1
ナラ類粉	341	3.7	1.6	77.8	1.9
クヌギ粉	340	6.3		76.7	1.8
シラカシ粉	346	3.2		82.6	2.2
オニグルミ	672	23.8	59.3	7.3	2.7
ブナ	524	25.2	39.1	19.2	4.1
松の実	728	17.2	67.0	9.4	2.3
ササ実	367	12.9	0.9	76.4	1.3
白米	352	6.8	1.3	75.8	0.6

（松山、1982）

6 草木の，草原ネズミに対する防衛戦略

堅果の防衛は，森ネズミに対するものであるが，草や木の作戦は，草原ネズミに対するものである。幹基部から根部がねらわれるのである。とくに，北海道ではエゾヤチネズミ，本州ではハタネズミが問題を起こす。

> ①針葉樹の防衛戦略　樹脂による忌避作用
> ②広葉樹の防衛戦略　再生力＋ある程度の忌避作用
> 　　　　　　　　　（忌避成分については，まだよく解明されていない。）

【コメント】
●エゾヤチネズミに対する針葉樹の抵抗戦略

エゾヤチネズミが大発生すると，カラマツやアカマツの植林苗は激しく食害されるが，グイマツ（チシマカラマツ）やトドマツは被害が少ない。原因は，グイマツやトドマツには，エゾヤチネズミがきらう成分（樹脂）が多量に含まれているからである。

針葉樹の樹脂は，揮発性のテルペン類と，不揮発性の粗樹脂からなるが，グ

表—2　エゾヤチエズミに対する針葉樹苗の抵抗性

属	非抵抗性 ←			中間性		→ 抵抗性
	I	II	III	IV	V	VI
カラマツ	ニホンカラマツ ヨーロッパカラマツ	シベリアアカマツ		アメリカカラマツ チョウセンカラマツ		チシマカラマツ
マツ	アカマツ クロマツ ヨーロッパアカマツ バンクスマツ テーダマツ ヒマラヤゴヨウ	ストローブゴヨウ			ヒダカゴヨウ チョウセンゴヨウ	
トウヒ	オモリカトウヒ	ヨーロッパトウヒ シトカトウヒ	グラウカトウヒ エンゲルマントウヒ	アカエゾマツ	エゾマツ	
モミ	コンコロールモミ	ウラジロモミ バルサムモミ アルバモミ				トドマツ

イマツの粗樹脂はエゾヤチネズミの齧食に対してつよい忌避作用をもつ。

　私たちが行なった実験によると，北海道，千島，カラフト，朝鮮，中国北東部に自生する針葉樹は耐鼠性が高く，日本本州，アメリカ，ヨーロッパに自生する針葉樹は耐鼠性が低い。

　理由は，エゾヤチネズミとその原種にあたるタイリクヤチネズミが生息する地域に分布する針葉樹は，たえず鼠害を受けることによって，よわい個体は淘汰され，つよい個体が生き残った，と考えられるのである。

●広葉樹は，針葉樹とちがって，北海道に自生する種でも，エゾヤチネズミに対してつよい抵抗性を示さないようだ。それは，広葉樹は一般に，幹が食害されて地上部が枯れても，根部から芽を再生する力があるからだろう。しかし，まったく無防備とは考えにくく，それぞれの樹種が，なんらかの防衛成分をもっているにちがいない。まったく毒成分をもたない植物，たとえばササ類は，再生力に自信があるのだろう。

　エゾヤチネズミにしても，ハタネズミにしても，夏季は，主として，軟らかい草本植物の新芽や根，ササ類のたけのこ，などを食べている。野草のほとんどが，苦い，渋い，辛い，酸っぱいなどの不快な味をもっているのは，野ネズミや野ウサギなど，草食哺乳動物に対する防衛だと思う。

1　野ネズミの大発生とその原因

　野ネズミ大発生のケースは三つある。

ケース	原因
①ブナの実が豊作	餌条件の好転による増殖
②ササが大面積に結実	同
③森を皆伐・植林	①伐採跡地に餌となる野草繁茂
	②伐採残枝が野ネズミの，天敵からの隠れ家になる

【コメント】
●図—4は，八幡平のブナ天然林と二次林での，ブナの豊作と，その後の野ネズミの生息密度をしらべたものである。豊作の翌年に，木の実食いであるアカネズミとヒメネズミが増加している。

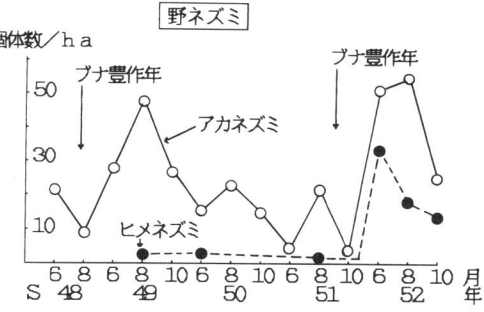

図—4
ブナの豊作年と野ネズミの密度変動（岩目地 1979より）

●草食いのハタネズミが増加した例もある。図—5は，山形県小国のブナの天然林での，ブナの豊作と，その後の野ネズミの生息密度をしらべたものである。

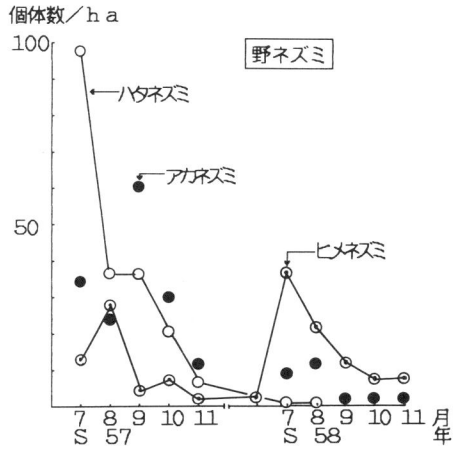

図—5
ブナ豊作（昭和56年）後の野ネズミの密度変動（箕口 1988より）

この場合はハタネズミの増加がいちじるしい。ふだんは草食いのハタネズミも，ブナの実が豊作になれば，それを食べることがわかる。

● 昭和8～10年，箱根の山でハコネザサが大面積にわたって開花・結実，翌年，野ネズミが大発生し，スギ・マツの植林苗に大害を与えた記録がある。

● 長野県では，昭和31年に木曽谷と伊那谷一帯でクマイザサが開花・結実し，野ネズミが大発生し，カラマツを食害・枯死させている。いずれもハタネズミである。

● 北海道では，森を皆伐してカラマツを植林すると，しばしばエゾヤチネズミが大発生して，カラマツ苗に大害を与える。

● 食性的には草食いといわれているハタネズミやエゾヤチネズミでも，草類，とくにイネ科植物のタネは好んで食べる。私は，エゾヤチネズミを飼育した経験をもつが，餌はエンバクとリンゴであった。草食いの草原ネズミも，進化論的に考えると，木の実食いの森ネズミから分化・発展したもの，と私は考えている。

● エゾヤチネズミは，大発生のピークが過ぎると，急速に減る。原因は，天敵説，過密によるストレス説などさまざまあるが，私は，餌の量不足と質悪化による栄養失調とみている。ストレス状態になって，毒草・毒樹，なんでも食べて，発育不全になるのではないだろうか。

● ふだんの自然林では，エゾヤチネズミの大発生は，めったに起こらない。それは，餌となる草本植物が少ないこと，隠れ家になるものが少ないこと，そして，キツネやフクロウなどの天敵の抑止力が大きいこと，などによるだろう。

8　森における野ネズミの存在意味

　野ネズミは二面性をもつ。人間生活に害を与えるが，森の生態系にとっては重要である。

> ①林業害獣として：ときに大発生し，植林苗を食害。
> ②天敵として　　：土中の害虫（ハバチ類の幼虫・蛹など）を捕食する。
> ③衛生害獣として：ツツガムシ病の媒介。
> ④餌動物として　：肉食動物にとっては，重要な基礎食料。野ネズミの数が豊かであることは，森の生態系の安定に重要。

【コメント】
●フクロウは，野ネズミが好き。図—6は，フクロウのペリット（食べた動物の骨などを，まるめて吐き出したもの）に見られる小動物の個体数と，その地域に生息する小動物の種類と生息割合をしらべたものである。

　ヒミズやジネズミなどの食虫類は，生息割合が大きいのに，フクロウにはほとんど食べられていない。野ネズミは好んで食べているが，昆虫類を餌としているアカネズミよりも，純草食のハタネズミのほうをより好むようだ。

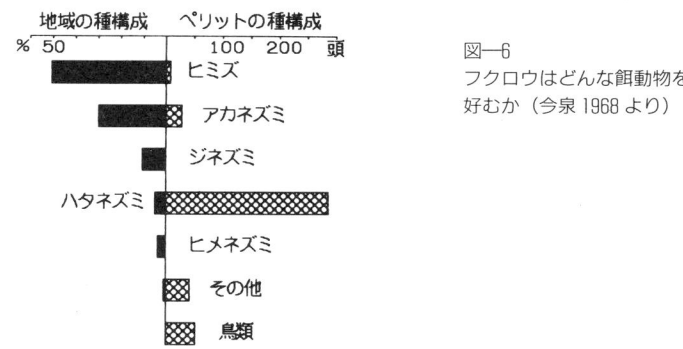

図—6
フクロウはどんな餌動物を好むか（今泉1968より）

●林道を歩いていて，よく経験することだが，ヒミズやトガリネズミなどの食虫類の死体はよく見かけるのに，野ネズミの死体は見たことがない。フクロウやキツネなどの肉食動物に食べられてしまうのだろう。草食動物のほうが，おいしいらしい。

野ネズミ

●野ネズミとツツガムシ病

　昭和56年，信州でツツガムシ病（高熱・発疹）が流行したことがある。この病気はリケッチアを保有するツツガムシ（ダニの一種）に刺されると起こる。このツツガムシは，野ネズミ，なかでもハタネズミの耳が居心地がよいらしく，一匹のハタネズミに数十ないし数百も寄生していることがあるという。野ネズミは衛生害獣になる危険もあるので，取り扱いには要注意。

〔文献〕14，23，30，32，36，51，52，59，71，72，76，77，79

野ウサギ　　　　　　　　　　　　　　　　　　　　　　　ウサギ科

　ウダイカンバという木がある。シラカンバにくらべると，樹肌は灰色を帯びてさえないが，材質は硬くて弾力があり，きめが細かくて，すべすべしている。フローリングに最適である。北海道では，これこそ本当のカンバという意味で，マカバと呼ばれている。うわべはきれいだが，中身はだめなシラカンバとは，対照的である。

　かつて東京大学北海道演習林で，ウダイカンバの植林を試みたことがある。苗畑での養苗は順調にいった。山地に植林した苗も，最初はよく伸びた。ところが冬季，梢の端が雪の上に出るようになって，思わぬ伏兵に遭遇した。ユキウサギの来襲である。小枝は，鋭利な刃物でやったように切断され，幹の樹皮はすっかり食いちぎられ，結局，全滅してしまった。隣接して植えてあったシラカンバには，ほとんど食害はなかった。ウダイカンバに対するユキウサギの異常な執着をみて，私は，呆然と立ちすくむだけだった。

図―7
ノウサギの足跡（右）と、追跡するキツネの足跡（左）

1　森にすむ野ウサギの種類

日本には2種の野ウサギが生息する。

①ノウサギ　　本州・四国・九州
②ユキウサギ　北海道（ヨーロッパ，ロシアに分布するユキウサギの亜種）
　　　　　　（注）両種の食性はよく似ている。

2　ノウサギの嗜好植物

夏は草本，冬は陽樹の低木を食べる。嗜好に人と共通性がある。

①春—秋　　軟らかい草なら，なんでも食べるようにみえるが，不快な匂いや味のするものは食べない。もちろん毒草も食べない。
　好きな草　イタドリ，ススキ，オオバコ，ハコベ，クズ，コウゾリナ，ノボロギク，アキノキリンソウ，ササのたけのこ
②冬—早春　低木類の樹皮，なんでもかじる。樹木は野草にくらべると，毒成分が少ない。
　大好き　　タラノキ，ヤナギ類，キイチゴ類，ヤマハギ，ヤマウルシ，ヤマグワ
　かなり好き　ヤマザクラ類とバラ科樹木，カエデ科，ガマズミの仲間

【コメント】
●表—3は，冬季，野ウサギが好んでかじる樹木を示したものである。場所によって，樹種は異なるが，いずれも陽樹であることがわかる。
●野ウサギは植物の繊維質をよく食べるが，小腸と大腸のあいだに，長い盲腸があり，セルロースを分解するバクテリアがすんでいて，消化を助けている。

表—3　冬季，野ウサギがかじる樹木

①亜高山帯自然林		②山地帯二次林		③東北里山二次林	
コマユミ	◎	カラマツ	◎	タラノキ	◎
ヤマネコヤナギ	◎	ヤマネコヤナギ	◎	クマイチゴ	◎
クロウスゴ	◎	タラノキ	◎	ヤマハギ	◎
コヨウラクツツジ	◎	キイチゴの一種	○	ヤマザクラ類	○
ハウチワカエデ	○	ヤマブキ	○	キツネヤナギ	○
オオカメノキ	○	アズキナシ	△	ノリウツギ	○
ナナカマド	△	ハギ類	△	コナラ	○

(注) ◎＝食害ひじょうに多い　○＝食害かなり多い　△＝食害やや多い
①②は長野県、清水・他による。③は西口による。

●野ウサギは，2種類の便を出す。一つは，コロコロした，丸い糞（繊維のかたまり）で，これは地上に落とす。もう一つは，粘液質の便で，これは口から再吸収される。窒素の不足を補うためらしい。ウサギの二重消化といわれている。

3　野ウサギの生息環境

林縁を好む。餌植物との結びつきに着目する。

①野ウサギが好む木は，低木性の陽樹（タラノキ，ヤマウルシなど）。これらの陽樹は，光のよくあたる，落葉広葉樹林の林縁に生える。
②野ウサギが，これらの陽樹を食べて林縁を破壊しても，陽樹はどんどん再生して，もとの林縁環境を回復する。
③野ウサギの食植行動は，餌植物である低木性陽樹の存続に役立つ。だから，餌資源を食いつくすことはない。

4 野ウサギによる植林苗被害，発生時期と食害型

被害発生の季節に着目する。

①冬季は草が枯れ，餌欠乏状態になる。2～3月になると，俄然，樹木食いが激しくなる。
②針葉樹は樹皮に樹脂を含み，夏季には食害されることはないが，2～3月になると，カラマツ，アカマツ，ヒノキ，スギの針葉樹苗にも被害が発生する。

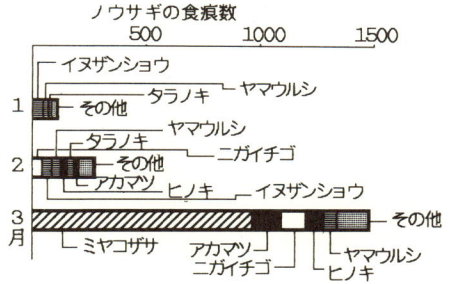

図—8
ノウサギの冬季の餌植物（アカマツ・ヒノキの植林地にて、大木1979より）

食害の形態に着目する。形態は，3つある。

①枝葉をかじる
②幹を切断する（ナイフで切ったように）
③幹の樹皮をかじる

針葉樹の場合は②型の食害がもっとも多い。広葉樹の嗜好樹木に対しては③型食害となる。

【コメント】
●秋田県でブナ苗を植林したところ，40％がノウサギに食害されたという報

告がある。
● 東北里山の二次林では，冬季，タラノキの③型食害をよく見かける。
● 野ウサギと野ネズミでは，樹皮食害の形態がちがう。
a：野ウサギ食害の歯形は，野ネズミより大きい。
b：野ネズミ食害は幹基部，野ウサギ食害は地上（または雪上）10〜30 cm。
c：幹切断は野ウサギだけ。

図—9
野ウサギの食痕

● さし木スギ苗は実生スギ苗より野ウサギ食害につよい。実生苗のほうが軟らかいためか。

5　昭和 40〜50 年代は兎害時代

　理由は，国の林業政策にも関係する。

①昭和 30〜40 年代は，拡大造林の時代。スギ・ヒノキ・カラマツの新植地が激増。
②伐開新植地は野草繁茂，餌条件が好転して，野ウサギ増殖。

30　野ウサギ

③冬季，餌不足で，植林苗をかじる。
④里山近くの果樹園でも，兎害発生。

6　野ウサギ「巻き狩り」の意味

　昔の山村生活と野ウサギの関係に着目し，巻き狩りの意味を考える。

①日本の山村では昔から，年1回，正月前に巻き狩りという方法で，野ウサギを捕獲する習慣があった。
②野ウサギの肉は，貴重な蛋白源だった。
③昭和40年代以降，山村でも食生活が変化し，野ウサギを狩る習慣がなくなった。兎害増加。
④兎害防除の手段として，年1回の巻き狩りを復活したら，野ウサギの生息密度が減少（図—10），兎害減少。
⑤結論：野ウサギは山村の蛋白源であった。巻き狩りは野ウサギの密度の調整手段であり，山村生活のレクリエーションでもあった。

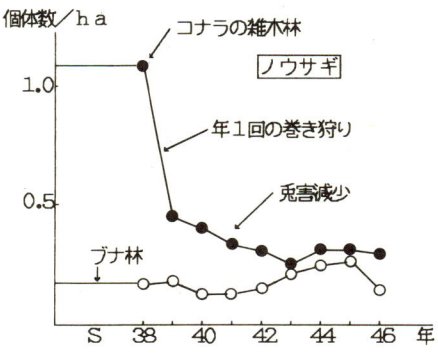

図—10
ノウサギの生息密度と巻き狩り効果（大津1974より）

7　ブナの森で兎害が少ない理由

　自然の森でのバランス調整に着目する。

①奥山のブナの森では，スギ苗を植林しても，兎害は少ない。ブナの森には，もともと野ウサギの数はそんなに多くはないらしい。なぜだろうか？（図—10）
②ブナの森では，野ウサギに対する自然の巻き狩りが行なわれているのではないだろうか。
③自然の巻き狩りとは，キツネや大型のワシ・タカ類による野ウサギの捕食。

【コメント】
●東北で，昔から行なわれてきた鷹狩りは，クマタカによる野ウサギ狩りである。
●図—11は，宮城県翁倉山でイヌワシの餌をしらべたものである。ノウサギを主食にしていることがわかる。

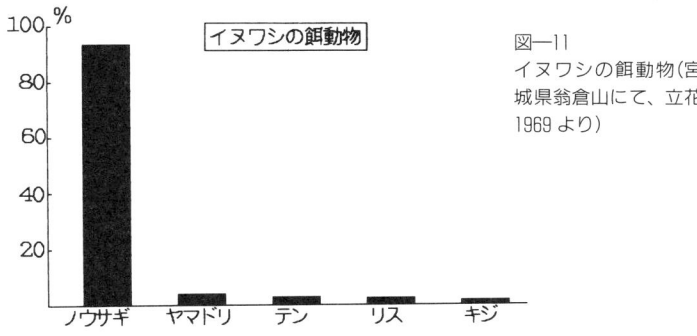

図—11
イヌワシの餌動物（宮城県翁倉山にて，立花1969より）

32 野ウサギ

●図—12 は，山形県赤川水系に生息するワシ・タカ類を示したもの。このあたり，ブナの原生林が広がっている地域である。多種類のワシ・タカが生息していることがわかる。

図—12
赤川水系に生息するワシ・タカ類（太田1988より）

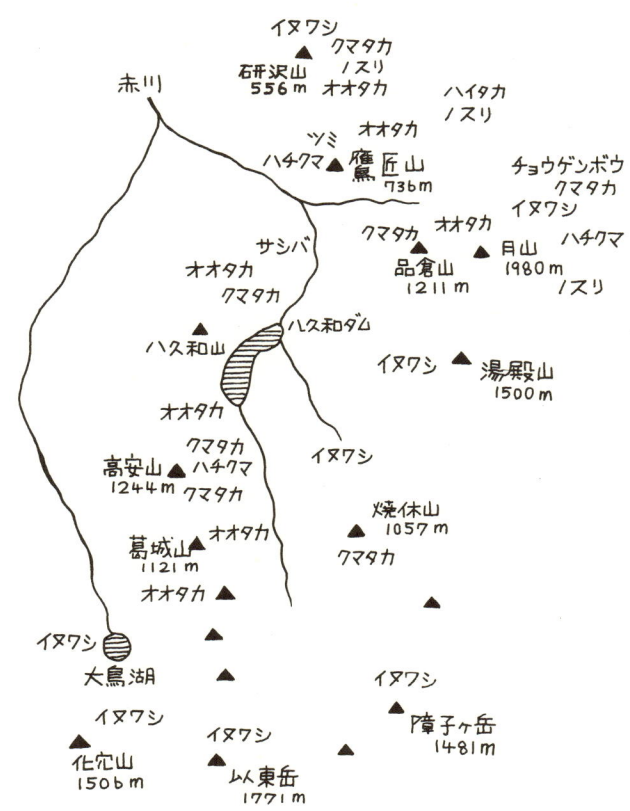

8 大型ワシ・タカ類の保護対策

野ウサギの個体数維持と営巣環境に着目する。

---
①餌動物としての野ウサギ個体数の確保
　野ウサギの生息数が恒常的に維持できるような環境を保護，または造成する。そんな環境とは，落葉広葉樹の自然林であり，そのなかに小さな草地が点在するとよい。
②大型ワシ・タカ類の営巣環境の確保
　岩棚，針葉樹（アカマツ，ゴヨウマツなど）の大木を確保する。
③人の影響を排除（大型のワシ・タカ類は神経質）

【コメント】
●最近，山に野ウサギやヤマドリの生息数が減少しているという。理由は，針葉樹林の面積が増加して，広葉樹の自然林が減ってきたことによる。
●針葉樹の植林は，最初は，野草を繁茂させて野ウサギを増殖させるが，成林すると，暗くなって，野草や広葉樹の低木が生えなくなる。餌植物の持続的維持には不適。

〔文献〕12，13，20，36，39，62，71，72，82

ニホンジカ（通称　シカ）　　　　　　　　　　　　　　　　シカ科

　ブナの本場は東北の豪雪地帯であり，モミは雪の少ない太平洋側に多い。その両者が宮城県の金華山で遭遇して，ブナ―モミ林を形成する。植生学的には珍しい組み合わせである。その森は，どんな樹種構成になっているのだろうか。見にいったら，金華山の森は，シカのために崩壊しかけていた。

　林床には，ブナの稚樹も，モミの稚樹も，1本もない。芝生を敷きつめたようにみえるのは，毒樹・ハナヒリノキの群落だった。林内の見通しがよいのは，低木群落がシカに食害され，崩壊してしまったからである。シカの圧力に驚いた。

　物音がした。岩かげから雄のシカがこちらを見ている。その堂々たる姿に感動した。人間はだれでも，野生の動物をみると，ふしぎな感動を覚えるらしい。人間が失ってしまったものを，そこに見るからだろうか。

図―13
ササを食べるシカ
（東北大学農場にて）

1　分布と生息環境

分布
日本以外，東アジアにも分布することに着目する。
ベトナム・中国東部，台湾，日本，ロシア沿海州

生息環境
森の動物というより，草原の動物に近い。
①日本では，照葉樹林，落葉広葉樹林，亜寒帯針葉樹林など，南西諸島から北海道まで，広範囲に生息するが，暗い森のなかではなく，草地がパッチ状に混在する林地にすむ。
②寒さにはつよいが，雪にはよわく，50 cm 以上の積雪地帯にはすめない。日本海側には生息地は少ない。

2　シカの餌植物

　春から夏にかけては，軟らかい草本を多く食べ，秋になると，木本類を多く食べるようになる。しかし，いずれの場合も，毒草・毒樹は食べない。下記は，東北大学農場での観察から得たものである。

①夏は，おもに草本
　　　草本　ササ類，ヒヨドリバナ，ヨモギ，ヤマユリ
　　　木本　キイチゴ類
②秋は，木本を多食
　　　草本　ササ類，アキノキリンソウ
　　　木本　タラノキ，キイチゴ類，ヤマザクラ類，ヤマウルシ，クロモジ，
　　　　　　イタヤカエデ，リョウブ

36　ニホンジカ

③きらいな植物，夏・秋をとおして食べない
　　草本　ワラビ，トリアシショウマ
　　木本　針葉樹，タニウツギ

【コメント】
●図—14，15は，東北大学川渡農場（宮城県鳴子町）での調査データからグラフ化したものである。左段には調査植物を出現頻度順に並べ，右段には被食率を示してある。

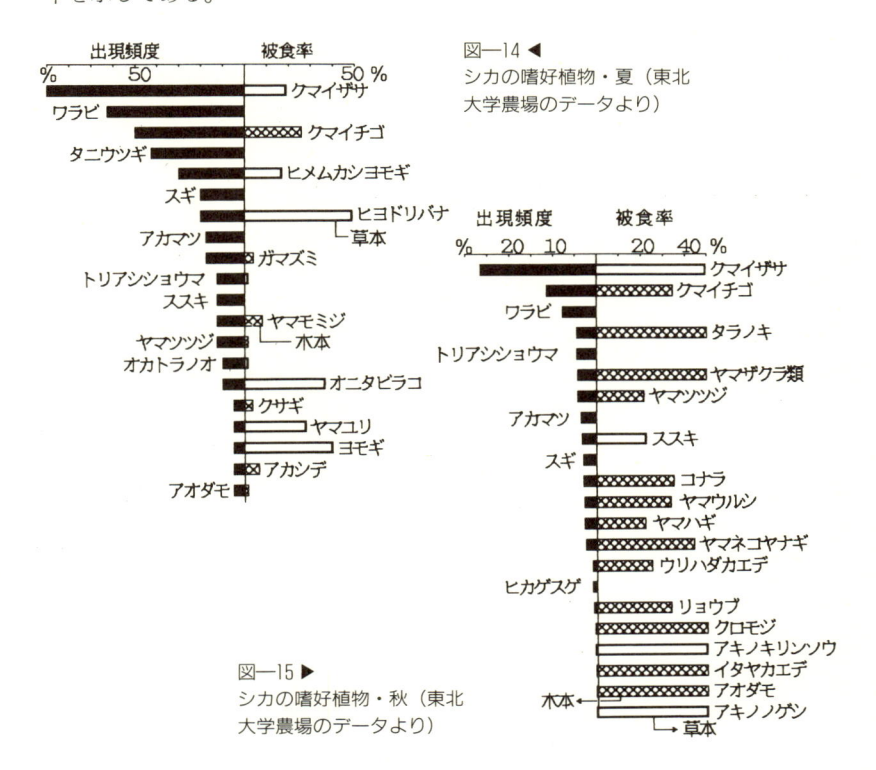

図—14 ◀
シカの嗜好植物・夏（東北大学農場のデータより）

図—15 ▶
シカの嗜好植物・秋（東北大学農場のデータより）

3 シカとヒトの食用植物を比較

嗜好に共通性がある。

①主食はイネ科植物
　ヒトはイネの実を，シカはササの葉を主食にしている。
②嗜好植物に共通性
　ヨモギ，ヤマユリ，タラノキ：ヒトは山菜に
　ヤマザクラ：さくら餅の葉に
　イタヤカエデ：樹液をメープル・シロップに
　クロモジ：枝をつま楊枝に
　リョウブ：新芽をリョウブ飯に

【コメント】
●ワラビ
哺乳動物に対して急性毒あり。シカは食べない。放牧中の親牛も食べないが，子牛が，まちがって食べ，血便を出して死ぬことがある。ヒトにも要注意。
●タニウツギ
シカ・牛は食べない。激しい毒があるとは思えないが，なにか，哺乳動物にきらわれるものがあるのかもしれない。ヒトも，要注意。
●針葉樹
樹脂があって，哺乳動物はきらうが，食べものがなくなる冬には，よく食べている。つよい毒ではなさそう。松葉は，ヒトには薬用になる。
●ササ類
ササ類（とくにミヤコザサ）に対してシカは嗜好性をもつ。量的にも多いので，シカの主食。ササ類を含め，イネ科植物は，栄養分に富み，毒成分をもたないので，哺乳動物にとっては，大切な食料源植物といえる。

38　ニホンジカ

4　シカの特技　―植物繊維の消化―

反芻の意味を考えてみる。

> ①植物の葉や樹皮には，セルロース（繊維質）が大量に含まれているが，動物は原則として消化できない。しかし，シカ科・ウシ科の動物は，よく消化・利用できる。
> ②理由は，胃の構造にある。胃は4つの袋からできており，セルロースを分解できる細菌やほかの微生物がすんでいる。微生物が分解したものを，シカは吸収する。
> ③シカは，微生物が分解活動しやすいように，植物の葉や樹皮を，何回も細かく粉砕する（反芻）。

5　シカの食痕

野ウサギとのちがいに着目する。

①野ネズミや野ウサギは，上顎と下顎の前歯で，樹皮や枝を噛み切る。食べ跡はなめらか。
②シカ・カモシカには上顎に前歯がない（図―16）。下顎の歯を樹皮にさし入れ，ひっぱり上げ，樹皮をはぎとる。食べ跡は，ひきちぎった形に

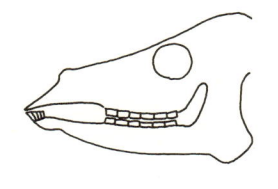

図―16
ニホンジカの頭骨（増井1976より）

なる。(図—17)

シカの食痕　　野ウサギの食痕　　図—17
　　　　　　　　　　　　　　　　シカと野ウサギの食痕比較

6　シカによる植生破壊　—金華山の場合—

植生破壊から，なにを学ぶか。

①原因
　島という狭い空間で，シカが過密になってしまったことにある。現在500〜600頭くらい生息するが，適正密度はその3分の1といわれている。

②下層植生は毒樹毒草群落
　木本　ハナヒリノキ，シキミ，メギ，サンショウ
　草本　ワラビ，マムシグサ類，ハンゴンソウ
　もともとの植生は，ブナ—モミ群落。しかし，食べられる植物は，食べつくされて消滅した。ただ，再生力のあるガマズミは，盆栽のようになって生きている。

③シカ群の移動
　自然条件下では，植生破壊は起らない。植生を破壊しないために，シカ個体群は生活のなかに，移動という行動を組み入れている。

④対策

保護という名の放置では，植生は破壊される。シカ個体群の正しい密度管理が必要である。

【コメント】
● 図—18 は，シカが過密状態にある金華山島と，その対岸の牡鹿半島（シカ生息せず）の植生を模式的に比較したものである。

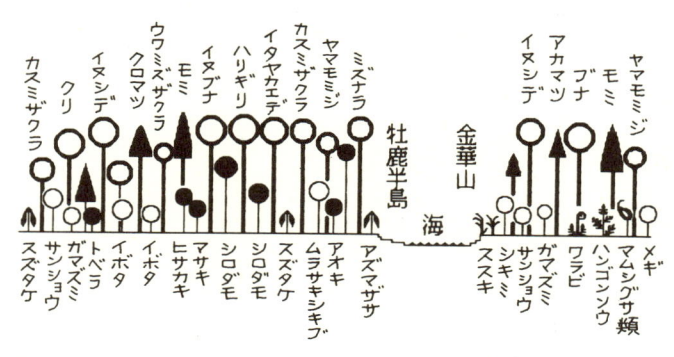

図—18
金華山と牡鹿半島の植生比較（吉岡 1973 より）

● 過密状態にあると，利用できる餌植物が，量・質的に悪化し，シカの栄養状態も不良になって，冬，大雪などがくると，大量死を引き起こす。
● 自然条件下では，シカは，餌が欠乏状態になると，群れで移動する。おそらく，冬は低山帯，夏は高標高地域へと，季節をおって移動するのだろう。そしてその間に，植物社会は回復するのではないか，と思う。シカがなわばりを張らないのは，生活のなかに，移動という時期があるためだろう。
● 自然のシカ個体群が，植生を破壊することなく，生存をつづけるためには，移動を含めた，かなり広範囲の生活圏が必要である。

7　シカと人間の共存法

人間側の視点を変えてみる。

①害獣から林産資源へ

ダマジカは，ヨーロッパでは従来，農作物や植林木を食害する害獣として，駆除の対象になっていたが，最近は，過剰個体を間引いて利益をあげる，という発想で管理されている。再生産可能の林産資源という認識である。

②レクリエーションとしての狩猟

岩手県の五葉山では広大な保護区を設定。そのため周辺の農作物や植林木に被害拡大。密度コントロールの一環として，冬季にレクリエーション狩猟をさせ（雄のみ，犬の使用は禁止），入山料は農林業の補償費にまわす。

③観光資源

霧島・えびの高原では，「野生とのふれあい」というキャッチ・フレーズで，シカを観光の目玉にしている。実際，えびの高原をハイキングすると，よくシカに遭遇するし，シカの糞を拾ったり，樹木につけられた食害の傷跡も観察できる。

　　シカが好んで食べる木：リョウブ，イヌツゲ
　　シカが食べない木　　：ミヤマシキミ（有毒）

【コメント】
●屋久島の森を歩いていると，シカに会うことがある。屋久島のシカは小型で，ニホンジカの亜種にされている。屋久島は，シャクナゲの花も有名であるが，

シャクナゲが多いのは,毒樹で,シカが食べないことも,原因の一つかもしれない。このような眼で,屋久島の森を歩くと,いたるところにシカの影響が見られる。
●宮城県の金華山は,島全体を自然博物館にして,森の生態系を学習する場にする,という構想がある。

〔文献〕6, 7, 38, 48, 51, 52, 63, 70, 72, 82, 88, 89

第1章　哺乳動物の食べもの　　43

ニホンカモシカ（通称　カモシカ）　　　　　　　　　　ウシ科

　夏のある日，ブナの森の沢を歩いていた。ところどころにウワバミソウの群落をみる。茎の上半分が，鎌で刈りとられたようになっていた。カモシカの食べ跡だった。根は残してある。ウワバミソウは，カモシカの重要な食料である。そのことを本能的に知っていて，食資源を枯渇させるような食べ方はしないのである。

　ウワバミソウを，東北人はミズと呼んでいる。茎を熱湯でさっと湯がくと，真っ青な色になる。おひたしにすると，くせがなく，なかなかおいしい。色がよいので，目にもたのしい山菜である。これが売れるものだから，最近，採っていく人が増えてきた。一ケ所からごっそりと，根こそぎに採っていく。だから，2，3年もすると，ミズ群落が消滅してしまう。

　人間の行動をみていると，なにごとも，その場かぎりである。カモシカより知能の発達したヒトが，なぜ，明日のことを考えた行動をとらないのか，ふしぎな気がする。

図—19
カモシカ

1　分布

ニホンカモシカの分布域は，日本の本州・四国・九州と，台湾。

2　特別天然記念物

原始的・遺存的動物であることに着目。

①ウシ科の原始的動物で，日本列島に遺存的に残る。スマトラに別種のスマトラカモシカが生息するが，カモシカ属は世界的にみて，滅びゆく生物の一つといえる。
②昭和30年に，特別天然記念物に指定される。

3　生息環境

亜高山帯の動物か，ブナの森の動物か。

①かつては，亜高山岩場の動物と考えられていたが，それは，天敵のオオカミやヒトに追われて，亜高山岩場に逃げこんだ結果らしい。
②現在では，ブナの森のなかでも，数多く生息している。とくに，日本海側の豪雪地帯に多い。

4　なわばり行動とその意味

シカとちがって，カモシカはなわばり行動をとる。

①母系家族で，母親と子供を中心に，なわばりを形成，雄の成獣は単独で

生活し，なわばり間を移動する。
② なわばりの条件
　　餌植物が豊富に存在する。
　　水の流れる沢がある。
　　身をかくせる針葉樹林がある。
③ なわばりの意味
　　暗い森のなかには，餌となる野草や低木が少ない。
　　なわばりは，餌資源を枯渇させないための手段。

【コメント】
● カモシカは，もともとは大陸の照葉樹林に生息していたが，より進化した動物（たとえばシカ類）に追われ，大陸から日本列島のブナの森に逃げ込み，日本海側の豪雪に守られて生き延びてきた，と私は考えている。
● 秋田の太平山は，カモシカの生息密度の濃い地域である。スギの森とブナの森と，そのあいだに伐開新植地が，モザイク状に混在している。新植地には，野草が繁茂し，絶好の餌場となる。

5　カモシカの餌植物の構成

　摂食植物の構成が季節によって変化していくことに着目する。図—20は，木曽駒ケ岳でのデータを示してある。

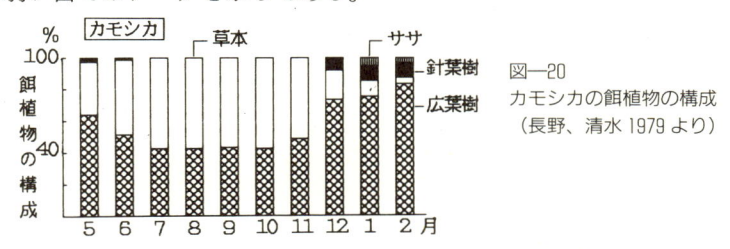

図—20
カモシカの餌植物の構成
（長野、清水 1979 より）

①春から秋にかけては草本を多食。
②晩秋から冬にかけては木本を多食，針葉樹やササ類も食べるようになる。
③基本的には，シカの場合と同じ。

【コメント】
●ブナの森のなかで，カモシカがどんな植物を食べているか，私の観察と文献を参考にしながら，季節を追って記してみる。
①雪融けから新緑まで
 草本 フキのとう，カタクリ，ウド，オオバギボウシ
 木本 コシアブラ，イワガラミの新芽
②新緑から落葉期まで
 草本 フキ，ヤグルマソウ，イタドリ，ミヤマイラクサ，ウワバミソウ，モミジガサ，クサソテツ，ノアザミ，ヨブスマソウ，カラハナソウ
 木本 ツリバナ，クロモジ，オオカメノキ，ミヤマガマズミ，カエデ類，ウワミズザクラ，ヤマザクラ類，リョウブ，キイチゴ類，タラノキ，アオダモ，クズ，ミツバアケビ，ノブドウ，クサギ，ノリウツギ，カツラ，ブナ，ミズナラ，クリ，ヤマウルシ，ヌルデ，ヤマグワ，キブシ，ホオノキ，ニワトコ，シラカンバ，ミズキ，マンサク
③落葉期から根雪まで
 草本 チシマザサ，ススキ
 木本 ヤマブドウ，エビヅル，クマイチゴ
④積雪期
 葉食 チシマザサ，ハイイヌガヤ，ヒメアオキ，エゾユズリハ，ハイイヌツゲ
 冬芽枝食 キブシ，ミズキ，オオカメノキ，ツノハシバミ，ブナ，ウワミズザクラ，リョウブ，ツルアジサイ，ノリウツギ，カエデ類，ガマズミ，マンサク，コナラ，ミズナラ，クロモジ

樹皮食　タラノキ，クロモジ，ブナ

6　カモシカの採餌行動の特徴

基本的には木の葉食いである。

> ①基本的には，木の葉食いである。
> ②夏は草本食の割合が高く，冬は木本食になる。
> ③冬芽を食べる木本の種類は広範囲にわたる。

7　餌植物に対する嗜好性，シカやヒトと共通

> ①餌植物は，シカのそれと共通するものが多い。
> ②人が山菜として好むものを好む。味覚に，人との共通性がある。
> ③毒草・毒樹は，原則として，食べていない。

【コメント】
●カモシカも，シカと同様，4つの胃をもち，胃には微生物がいてセルロースを分解する。その分解物を栄養として吸収・利用する。木の葉食いが可能となる。
●ワラビを食べるという記録があるが，積極的に食べているかどうか，疑問。もし，しばしばあやまってワラビを食べるようでは，毒草の毒に対応できていない証拠。牛より原始的，という証拠になる。
●エゾユズリハを食べるという記録がある。エゾユズリハは，放牧牛に対して，かなりの急性毒を示す。カモシカがエゾユズリハを餌として利用できるかどうか，検討を要する。
●下北では，アスナロを食べないという。アスナロの樹脂の匂いが，よほどき

らいらしい。しかし，長野県では食樹リストに入っている。

8　フィールドサイン

カモシカの生活の跡を探そう。

①角のとぎ傷
　ブナの森では，マンサクやアオダモの木によくみられる。両種とも，弾力のある，しなやかな木である。
②樹木の食べ跡
　シカと同様，樹皮をひきちぎるように食べる。ちぎり跡が残る。
③糞
　シカの糞に似てピーナッツ型，一端がとがる。ため糞。

図―21
カモシカの足跡（左）と糞（右）

9　カモシカがかかえる社会問題

二面性に着目する。

①論争

　林業側：長野・岐阜・岩手県でスギ・ヒノキの植林苗を食害，とくにヒノキが被害甚大

　　　　　過保護で個体数増加，駆除すべし。

　保護側：特別天然記念物。

　　　　　個体数は増加してない。

　　　　　食害は，林業側が森を伐りすぎたこと，嗜好植物のヒノキを植えたことが原因。

　林業側は裁判所に提訴，国会でも問題になる。

②国の対策

　一定数の間引きを認める。

　特別天然記念物を種指定から地域指定に。

③**共存策を考えよ**（読者の問題として）

【コメント】

●共存策のヒント

①長野・岐阜県のヒノキ食害は，1〜3月に多発する。

②カモシカの生息数は，秋田県が一番，なのに被害は少ない。理由は，植林がスギであること，冬の餌が豊富にあること。

③下北ではアスナロの若木は不食，忌避成分がある。反対に，ヒノキの匂いはよい香り。

④被害は伐開植林地に多く，天然林では起こらない。

●長野県でのヒノキ被害

頂端部が噛みちぎられる場合と，幹サイドがかじられる場合がある。頂端被害は，木材生産（たとえば柱材）に重大な障害になる。

〔文献〕6, 7, 14, 36, 50, 51, 52, 58, 60, 62, 70, 72, 78, 87, 89

ニホンツキノワグマ（通称　ツキノワグマ）　　　　クマ科

　東北大学農学部で家畜形態学の教授であった玉手英夫先生（故人）は，『クマに会ったらどうするか』という本のなかで，クマに会った場合の対応の仕方を8とおりあげ，読者に，あなたはどれを選択するか，と質問している。

　①死んだふりをする：死んだふりをして，助かった，という話をよく聞くが，玉手先生によると，この方法はすすめられないという。地面にべたりと寝てしまうと，人間の体が小さくみえる。このような対応の仕方は，自然界にはない。相手に，へんに優越感を与え，悪い結果を招きかねないのである。

　②立ち止まったまま，話しかける：これが正解だそうだ。カナダのバンフ国立公園の老レンジャーは，この方法を推薦するという。やってみて，失敗がなかったそうだ。理由は明確ではないが，クマは，立ち止まることで人間が襲ってこない，と感じて安心し，話しかけられることに，とまどいを感じながら，興奮から醒める。そこで，人は，静かに後ろへさがる。

　私はこの本を読んでいたのだが，実際にクマに対面してみると，足が震えて，話しかけるどころではなかった。私の場合は，クマから目をそらさず，静かに後ずさりする。クマの目には，人間の姿がだんだん小さくなっていくので，安心する。ともかく，クマを安心させることが一番のようだ。

　もっとも危険なのは，子グマに会ったとき，かわいさのあまり，つい，手を出してしまうこと。近くで親グマが見ている。

　森のなかの道を，おおぜいの人が，森林浴しながら歩いているようなときは，クマのほうが逃げて，遭遇することはまずない。クマは本来，危険な猛獣ではない。

1 分布と生息環境の条件

分布
本州・四国。九州では絶滅？　アジア北部，ロシア。

生息環境の条件
餌植物の分布と冬眠場所に着目する。
①生息場所
　落葉広葉樹林，東北ではブナの森。
　木登りがうまく，木の実を好んで食べる点など，森という環境によく適応している。
②冬眠あけにミズバショウ，ヒメザゼンソウの新葉を好んで食べる。森のなかに，小さな湿原が必要。
③初夏にはチシマザサのたけのこが主食になる。森に接続して，チシマザサの草原が必要。
④ブナの巨木の洞などで冬眠する。巨木が必要。
⑤かなり広大な行動圏が必要。

図—22
ブナの幹に残る
クマの爪跡

【コメント】
●採食活動—季節を追って—
東北大学の森で観察したことを，下記にまとめた。
①冬眠から覚めて：4月上〜中旬に冬眠から覚め，ミズバショウとヒメザゼンソウの新葉を好んで食べ，盛んに排糞する。バイケイソウは食べない。
②木の芽吹き時から初夏にかけて：フキ，ヤマウド，シシウドなど，大型の野草を，根ごと掘り出して食べる。チシマザサのたけのこシーズンになると，もっぱらたけのこを食べる。
③夏：アリ，ジバチ，ミツバチなどの幼虫・蛹・蜂蜜を食べる。クワの実が熟すると，好んで食べる。
④初秋から冬眠前まで：ヒメザセンソウの実が熟すると，土から掘り出して，よく食べる。木の液果が色づくと，木登りして，よく食べる。好む木は，サルナシ，ヤマブドウ，アオハダ，ミズキ。冬眠前の10〜11月は，堅果類を腹いっぱいになるまで食べる。コナラ，ミズナラ，クリ，ブナ。

図—23
クマ棚 クマはブナの実やどんぐりを好んで食べる。その後に枯れ枝が残る。

2　クマとヒトの類似点と差異点

　クマとヒトは似た点が多い。クマの生活の仕方から，なにが学べるか，考えてみる。

①大型哺乳動物である。
②地上生活を送る。
　どちらも地上生活者であるが，木登りはクマのほうがうまい。森という環境に，よく適応している。
③雑食性
　どちらも雑食性であるが，植物のセルロースは消化できない。だから熟した木の葉は食べられない。
④餌植物に対する嗜好性はよく似ている。
⑤冬眠
　クマは冬眠するが，ヒトはしない。これは大きな相違点。

【コメント】
●ミズバショウやヒメザゼンソウの葉は，やや毒っ気があって，あやまって食べると下痢をする。クマはそれを下剤代わりに食べ，冬眠中，腹のなかに詰まっていたものを一気に排泄するらしい。
●クマは，バイケイソウは食べない。これは猛毒。人は，見分ける本能を失っている。オオバギボウシとまちがえて食べて，ひどい中毒を起こすことがある。
●野草は原則として，毒草
植物は，動物にとっては，栄養のかたまり。そのままでは，動物に食べられてしまうので，すべての植物は，なんらかの方法で，防衛している。
●毒が少ないか，毒を除去しやすいものが，山菜となった。
●ササのたけのこは，生で食べられる，例外的な植物。ササの防衛法は，毒を

もつことではなく，再生力にある。

●木の実を食べてみる

クマの気持ちになって，木の実を食べてみよう。ただし，ドクウツギ，ヒョウタンボク，シキミ，ミヤマシキミなどの実は猛毒だから，要注意。樹種を確認することが先決。また，食べて苦い，渋いものは，飲みこまず，吐き出せばよい。まず，自分で体験してから，生徒さんに食べさせてみる。

〔文献〕6，7，40，45，50，72

ニホンザル（通称　サル），	オナガザル科
ヒ　ト	ヒト科

　少年時代，大阪に住んでいて，よく箕面へ昆虫採集にいった。あるとき，森のなかでサルの群れに出会った。なぜか知らないが，野生動物の姿に，すごく感動したことを覚えている。それから二十数年たって，ふたたび箕面を訪ねた。滝の上までドライブ・ウエイがとおっているのには驚いたが，そのドライブ・ウエイにサルがたむろして，人から餌をもらっていた。その姿をみて，今度はひどくがっかりした。人が野生動物をみて感動するのは，自然のなかでの生き方を教えてくれるからだと思う。

1　分布と生息場所

①本州・四国・九州（屋久島が南限）。
②暖温帯・照葉樹林から冷温帯・落葉広葉樹林まで。
　木登りがうまく，典型的な森の動物といえる。

【コメント】
●サルの食べもの（雑食性）
私は観察したことがないので，文献を参考に記す。
①春
　木の新芽はなんでも。好む芽：カエデ科，ブナ，ケヤキ，タラノキ。ほかにヤマザクラの花。地上に降りて，フキのとう。
②初夏
　ササのたけのこ（皮をむく），イラクサ，キイチゴの実。
　（注）ワラビ，ゼンマイは食べない。

③夏

昆虫：セミ，バッタ，イナゴ，クモ，カブトムシ，蛾の幼虫。

野草：イネ科植物の先端の軟らかい部分，クズ・ユリの根。

木の実：ヤマグワ，ニワトコ

④秋

木の実はなんでも。好む実：クリ，ツノハシバミ，マンサク，ブナ，イヌガヤ，アケビ，ヤマブドウ，サルナシ

　（注）ナラ類のドングリ，トチノキの実は食べない。

⑤冬

広葉樹の冬芽と樹皮はなんでも。好む樹皮：クロモジ，ヤマグワ，アオダモ，フジ，ノリウツギ，コシアブラ，オオカメノキ，ツリバナ，とくにカエデ類。

　（注）樹皮は消化できないので，繊維質は糞のなかに数珠つなぎに出る。

ほかにササの葉，越冬中の昆虫を食べる。

2　ヒトはなぜ，肉食するのか？

サルが木から降りて，地上で生活するようになって，ヒトになった。さて，ヒトは，冬，なにを食料にしえたか，考えてみる。

---

①雪国の森のなかで，冬でもみつかる食べものといえば，アオキ・イヌツゲ・イヌガヤなどの常緑樹の葉とササの葉。木の冬芽，樹皮。

②シカ・カモシカ・野ウサギは，これらの植物繊維をよく消化し，冬でも栄養がとれる。

③ヒトは，植物繊維は消化できない。木の芽は軟らかで消化できるが，小さすぎて，採食にエネルギーがかかりすぎる。

④ヒトが冬を生きぬく方法は，ただ一つ。

　シカ，カモシカ，野ウサギなど，草食動物を狩猟する。つまり，草食動

物を食べることによって，木の葉やササの葉を間接的に食べる。
　⑤北方民族ほど，肉食傾向が強い。

3　ツキノワグマは，なぜ冬眠するのか？

　クマは雑食性，ヒトとよく似ている。しかし，大きなちがいは冬眠すること。その理由を考えてみる。

①ツキノワグマは，ヒトと同じ雑食動物，冬，食べものがない。
②ヒトと同じように，肉食すれば，冬はしのげるはず。
③クマの捕食能力
　野ウサギやシカを捕獲することができない。オオカミやキツネのように，狩猟の専門家にならないと，ダメ。
④雑食性という，あいまいな食性では，野ウサギ・シカは餌にできない。せいぜい死肉を食べるだけ。
　雑食性というのは，なんでも食べられる，すぐれた食性にみえるが，へたをすると，なんにも食べられない，という危険性もある。
⑤クマのひとり言
　生きた動物を殺すのは，好かん。肉食動物になるより，冬は絶食して，冬眠したほうがましだ。
　クマは猛獣ではない証拠。

〔文献〕2，61，62，72，82

第 2 章
森の安全保障システム

　第 2 章では，森林昆虫が主たる対象となる。昆虫は，哺乳動物と同様，生態系のなかでは消費者の位置にある。つまり，緑色植物が生産した有機物を食べて栄養を得ている。しかし，昆虫が哺乳動物とちがう点は，大きな増殖力をもっていることである。

　昆虫が意のままに増殖すれば，たちまち大発生して，森の植物を食いつくし，森を破壊してしまうことになる。そこで生態系にとっては，昆虫の数を，どのようにして適正な数に押えこむべきか，が課題となる。考えた基本戦略は，できるだけ多くの種に天敵として参加してもらって，昆虫の大発生を抑止する，というものであった。私はこれを「森の集団安全保障システム」と呼んでいる。

　たとえば，ブナの葉を食べるブナアオシャチホコ，ミズナラの葉を食べるマイマイガなどの食葉蛾類や，カラマツの葉を食べるハバチ類を考えてみよう。これらの昆虫には，さまざまな天敵がいる。

　卵には微小な昆虫・タマゴバチが寄生するし，幼虫にはヒメバチやハリバエなどの蜂や蠅が寄生する。これらは卵や幼虫を内部から食べてしまうので，寄生昆虫と呼ばれている。

　カマキリ，アシナガバチ，カタビロオサムシなどは，幼虫を丸ごと食べてしまうので，捕食昆虫と呼ばれている。

　森の小鳥たちも，食葉蛾類やハバチ類に対して，捕食者として働く。エナガ，シジュウカラなどの小型野鳥は小型の幼虫を，ホトトギスやオナガなどの大型野鳥は大型の幼虫を食べる。

　マイマイガなどが大発生すると，幼虫にカビやウイルスなど，微生物に

よる病気が流行して, 昆虫を全滅させることもある。

　ブナアオシャチホコや多くのハバチ類の幼虫は, 秋になると土中にもぐり, 幼虫や蛹で越冬する。これらに対しては, 食虫類のヒミズや野ネズミのアカネズミ, ヒメネズミが捕食に活躍する。また, サナギタケ（冬虫夏草の一つ）が活躍することもある。

　森のなかには, もう一つの危険な消費者群がいる。ササ・野草・樹木を食べる哺乳動物（ハタネズミ, エゾヤチネズミ, ノウサギ, シカ, カモシカなど）である。これらは, 夏は主として野草を餌としているが, 冬は樹木の冬芽や樹皮をかじり, ときに木を枯らしてしまうことがある。

　野ネズミや野ウサギに対しては, フクロウ, キツネ, テン, クマタカ, イヌワシなどの肉食動物が捕食者として働くが, シカやカモシカなどの大型草食動物に対しては, 有力な捕食者がいない（むかしはオオカミがその役割を果たしていた）。人間がコントローラーとしての知恵を働かせる必要がある。

　生態系のなかには, 生きた植物から栄養をとる動物・昆虫（一次消費者）がいる。次に, それらを餌にする天敵群（二次・三次消費者）がおり, これらは一つの食物連鎖でつながっている。樹葉を食べる昆虫や樹液を吸う昆虫はもちろん, 樹皮をかじるノウサギやシカも, 生きた植物に依存して生きている点では, 植物の寄生者ともいえる。それで, この食物連鎖を「生体寄生者系列」と呼ぶことにする。

　生態系のなかには, もう一つの系列がある。植物・動物の死体を分解して栄養を得ている生物系列である。多くのカミキリムシは枯れ木の分解者であるが, カミキリムシの生きた幼虫を食べるキツツキ（捕食者）も, この系列のなかに入る。それを「死体分解者系列」と呼ぶことにする。

　木が枯死すると, 樹皮下や材中に, すぐキクイムシが穿孔し, つづいてカミキリムシやゾウムシが穿孔して, 樹皮や材を食べる。同時にいろいろ

なカビやバクテリアが侵入して,材をボロボロにしていく。腐朽がすすむと,クワガタムシやクチキムシたちのすみかになるし,キノコ(カビの子実体)にはキノコムシやキノコバエが食べに集まる。そして,数年ないし十数年もすれば,枯れ木は分解されて土にもどり,今度は植物の栄養になる。

落ち葉にはオチバタケのような,かわいいキノコが発生して分解する。動物の遺体はシデムシがかたづけ,糞はダイコクコガネやセンチコガネが食べてしまう。

生態系のなかに,分解すべき有機物が存在すれば,分解者は速やかにそれを分解しなければならない。分解のし残しがあると,生態系は正常に回転しなくなる。だから,生態系のなかでは,分解すべき有機物が存在するかぎり,分解者は増殖をつづけ,分解活動をつづける。この場合,分解者の増殖を抑制するような機構は,それほどつよく働かない。寄生者の増殖に対して,つよい抑止力が働くのとは,ひじょうに異なる。

分解者は,植物・動物の死体を分解するのが,本来の使命である。ところが,分解者のなかには,植物・動物の生体を分解するものがいる。病原生物と呼ばれているものである。生体を分解する,つまり死にいたらしめる働きをするから,生態系にとっては,きわめて危険な存在といわねばならない。生態系の異端者といえる。生態系としては,そんな病原生物がむやみに増えないよう,制御機構が必要となる。それは,どんな方法だろうか。

生態系がとった方法は,個々の生きた植物あるいは動物が,病原生物に対して抵抗力をそなえる,というものであった。すべての植物と動物は,病原生物に対しては自分の力で闘うべく命じられている。衰弱して抵抗力を失ったものは,病原生物にやられても仕方ない,というやり方なのである。天敵をあてにしては,生きていけないのである。この方法を,私は

「生態系における武力均衡」と呼んでいる。
　第2章は，昆虫を題材にして，森の生態系における制御機構を考えてみる。

【コメント】
●消費者の生き方は利子生活。

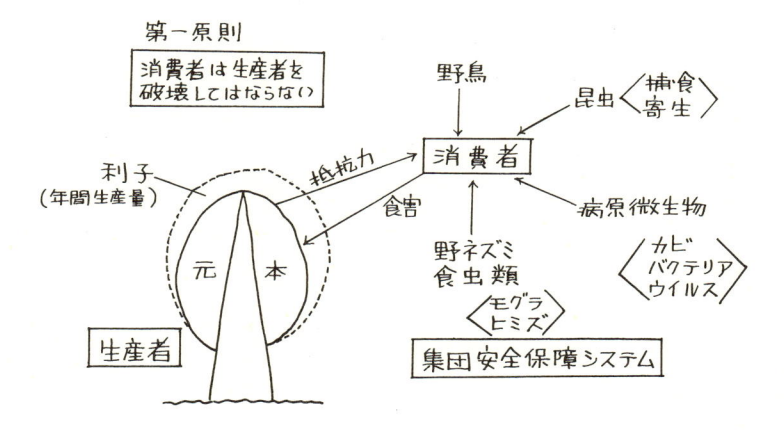

〔文献〕42, 51

森の動物とは

インストラクターとして生徒さんを森へガイドするとき，下記のような質問をしてみる。多くの場合，正解は出てこないが，こんな質問をとおして，生徒さんを木と森の世界へ誘導することができる。

質問1：森のなかには，動物の食物となりうる有機物が，いろいろ存在する。そのなかで，量的にもっとも多いものは，なにか？

答　　：木の葉と材

質問2：胸高直径60 cmのブナの木は，何枚くらい，葉があるか？

答　　：約36万枚

質問3：ヒトは，木の葉が食べられるか？

答　　：食べられない。木の葉は，糖類，澱粉，アミノ酸などを含む。だから動物にとっては栄養物であるが，繊維（セルロース）の含量が多く，これは，ヒトを含め，ほとんどの動物は消化できない。セルロースの少ない若葉は食べられる。

質問4：木材はなぜ固い？

答　　：木材は，セルロース，リグニン，ヘミセルロースからできている。セルロースは鉄筋，リグニンは砂，ヘミセルロースはセメントという役割で，木材は鉄筋コンクリート構造になっていて，大木を支える。

質問5：ヒトは木材を食べられるか？

答　　：食べられない。セルロース，リグニン，ヘミセルロースは有機物だから，動物には栄養物ではあるが，実際は硬くて消化できない。リグニンを分解・消化できるのは，キノコだけ。

64　森の動物とは

1　「森の動物」の条件

採食法と生活空間から，条件を2つ考えてみる。

> ①森のなかに豊富に存在する栄養物（葉と材）を食料として利用できる。
> ②森という立体構造のなかで，不自由なく生活できる。

2　木の葉を食料として利用している動物

反芻動物の章を復習してみる。

①シカとカモシカ。
②胃袋のなかに細菌と原生動物をすまわせ，セルロースを分解させ，その分解物を栄養として吸収する。
③微生物がセルロースを分解しやすいよう，胃の内容物を口にもどして反芻する。
④反芻，分解，消化，吸収のため4つの胃袋をもつ。

3　木材を食料として利用している動物

木材を食べる昆虫がいる。利用の仕方は反芻動物と同じ。

①カミキリムシ，シロアリ。
②幼虫の消化管のなかに原生動物が共生して，セルロースを分解する。
③虫は，木材を粉砕するための，鋭い歯と口をもつ。

4　シカ（またはカモシカ）は「森の動物」といえるか？

2つの条件を満足させるかどうか。

①木の葉を食料として，よく利用できる。
②木の葉を消化するために，大きな胃袋をかかえた。結果，木登りができず，地上生活者となる。森の立体構造には適応できていない。
③結論：半・森の動物

5　サルは「森の動物」といえるか？

①木登りがうまく，森の立体構造を完璧に利用できる。
②木の新葉・実・冬芽は食べるが，熟した葉や樹皮は消化できない。
③結論：準・森の動物

6　完全な「森の動物」は，存在するか？

たとえば，森林性の蛾を考えてみる。

①幼虫は，強力な歯をもち，葉を粉砕する。
②体は，胴体全体が消化管（いもむし型）となり，葉の栄養物吸収に全力投球，不消化のセルロースは糞として排泄する。
③蛾の幼虫は，胸部にキチン質の硬い胸脚3対，腹部に多数の鉤爪を備えた肉質の腹脚4対と尾脚1対をもつ。これらの脚を使って，幹や枝を歩きまわることができる。
④成虫は，2対の羽根をもって，林間を飛翔できる。森の立体構造を，不自由なく利用している。

(注) 森林性のハバチ（葉蜂）も，蛾と似たやり方で，森を利用している。

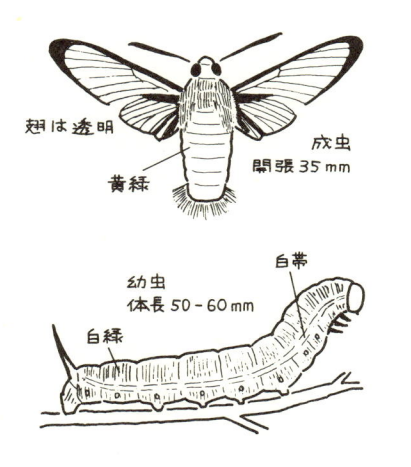

図—24
オオスカシバ（成虫はジェット機、幼虫は消化器。クチナシの葉を食べる）

7　森の野鳥の食べもの

図—25 は，森に生息するおもな野鳥が，雛を育てるときに利用する餌の種類を示したものである。

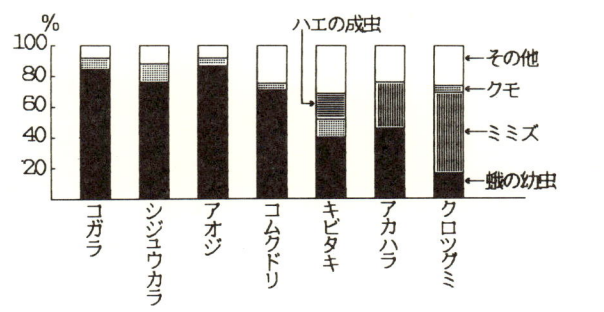

図—25
育雛に用いる餌の種類（由井のデータより）

①シジュウカラ，コガラ，アオジ，コムクドリ

　圧倒的に蛾の幼虫を利用している。

　野鳥は，木の葉を直接には餌としないが，蛾の幼虫を食べることによって，間接的に木の葉を食べている。

②アカハラ，クロツグミのツグミ類

　高原の疎林に多い鳥。

　蛾の幼虫以外に，ミミズを餌にする割合が高い。

　ミミズは落ち葉を食べているから，これらのツグミ類は，ミミズを餌とすることによって，間接的に落ち葉を食べていることになる。

③キビタキ

　ブナの森を代表する鳥。

　ヒタキ類は，一般に，ハエ類を好んで捕食する。

　このハエ類が，森のなかで，なにを食べているかによって，ヒタキ類の評価は多少異なってくるかもしれない。

④キツツキ類

　カミキリの幼虫は，生木あるいは枯れ木の材を食べている。キツツキ類は，カミキリの幼虫を食べることによって，木の材を食べている。

8　森の野鳥は「森の動物」といえるか？

> ①野鳥は，蛾の幼虫やミミズを食べることによって，間接的に木の葉を食べている。
> ②野鳥は，森の立体構造を完璧に利用している。
> ③結論：野鳥は，「森の動物」としての条件を完全に満足させている。

68　森の動物とは

9　野鳥は，どんな森を好むか？

　野鳥を保護するには，野鳥のすみやすい森づくりが必要。その場合，どんな原則があるか。
①若い林よりも高齢林がよい。
②純林よりも混交林がよい。
③針葉樹林よりも広葉樹林がよい。
④灌木林の存在が重要。

【コメント】
●図—26は，森林型と，そこにすむ野鳥の種数および生息密度との関係を示したものである。この図から，次のことが考えられる。
①針葉樹の若い人工林は，種数・密度とも最低。
②針葉樹人工林でも高齢になれば，種数・密度とも増加するが，広葉樹を混交すると，生息密度は倍増する。
③自然林は，種数・密度とも高いレベルにあるが，暖地の常緑広葉樹林は密度の点でややレベルが低い。一方，亜高山の針葉樹林はレベルが高い。これは，林型よりも，林内に灌木林があるかないかのちがいではないか，と思う。

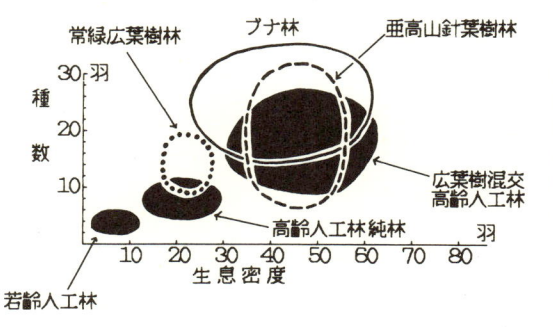

図—26
森林型別にみた野鳥の種類と生息密度（数値はセンサス区域、1時間あたり、由井1986より）

10 野鳥の存在意義

野鳥は，森の生態系のなかで，ある重要な働きをしている。それはどんな働きか，食性面から，2点あげる。

> ①害虫に対する天敵として
> 　たとえば，マツの害虫マツカレハに対して，若・中齢幼虫はシジュウカラのような小型野鳥が，老齢幼虫はカッコウやホトトギスのような大型野鳥が捕食して，害虫の大発生を未然に防ぐ。
> ②樹木の種子分散者として
> 　秋季，野鳥は木の実を好んで食べる。種子は鳥によって遠くへ運ばれ，糞とともに排泄される。発芽率がよい。

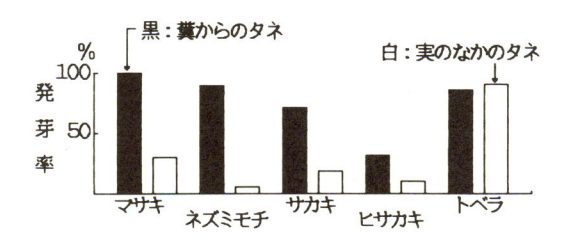

図—27 野鳥の糞から出たタネの発芽率（中西 1974 より）

〔文献〕11，51，52，85

森の昆虫（総論）

　樹木に寄生する昆虫を，庭園昆虫（庭園，街路樹）と森林昆虫（苗畑・森林）に分けることができる。樹木に寄生するのだから，どちらにも出現する種が少なくないが，森林昆虫は自然環境下に生息し，庭園昆虫は人為的環境に生息する，と考えてよい。

　このテキストでは，森の生態系の仕組みを知るという観点から，主として森林昆虫を扱うが，庭園昆虫も，森を理解するうえで役に立つ。

1　庭園昆虫

　①食葉昆虫（アメリカシロヒトリ―サクラ）
　②葉巻昆虫（モッコクハマキ）
　③潜葉昆虫（アカアシノミゾウムシ―ケヤキ）
　④吸汁昆虫（カメノコロウムシ―各種）
　⑤一次性穿孔虫（ゴマダラカミキリ―シラカンバ）

2　森林昆虫

　森に害を与える昆虫を，加害部位によって分類してみる。
　なお（　）に代表種をあげてある。
　①食葉昆虫　　a 鱗翅類（マツカレハ）
　　　　　　　　b ハチ類（マツノクロホシハバチ）
　　　　　　　　c 甲虫類（ハンノキハムシ）
　②葉巻昆虫　　a 小蛾類（ワタノメイガ―ハクウンボク）
　　　　　　　　b 甲虫類（オトシブミ―コナラ）

第2章　森の安全保障システム　　71

　③潜葉昆虫　　a 小蛾類（モモハモグリガ―サクラ）
　　　　　　　　b 甲虫類（ヤノナミガタチビタマムシ―ケヤキ）
　　　　　　　　c ハエ類（ウメモドキハモグリバエ）
　④新梢昆虫　　a 小蛾類（マツノシンマダラメイガ）
　⑤果実昆虫　　a 小蛾類（マツズアカシンムシ）
　　　　　　　　b 甲虫類（クリシギゾウ）
　　　　　　　　c ハチ・ハエ類（カラマツタネバチ）
　⑥食根昆虫　　a 甲虫類（ヒメコガネ―各種）
　⑦吸汁昆虫　　a アブラムシ類（トドマツオオアブラ）
　　　　　　　　b カイガラムシ類（マツカキカイガラ）
　　　　　　　　d アワフキムシ類（マツノアワフキ）
　⑧虫こぶ昆虫　a ハエ類（マツバノタマバエ）
　　　　　　　　b ハチ類（クリタマバチ）
　　　　　　　　c アブラムシ類（エゴノネコアシフシアブラ）
　⑨穿孔虫（幹枝の樹皮・材にもぐる）
　　　　　　　　a 樹皮下甲虫（ヤツバキクイ―エゾマツ）
　　　　　　　　b 穿材甲虫（シロスジカミキリ―コナラ）
　　　　　　　　c 穿材蛾類（コウモリガ―各種）
森林昆虫を寄生林齢別に分けると，図―28のようになる。

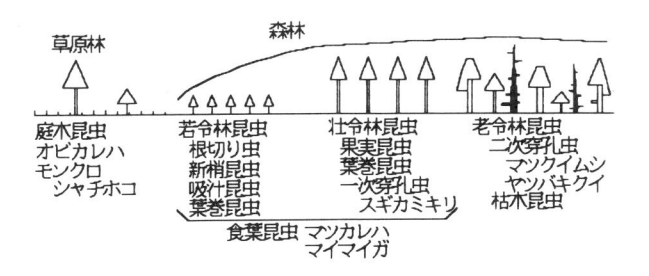

図―28
寄生林齢別にみた
森林昆虫

草原林　　　　　森林

庭木昆虫　　若令林昆虫　　壮令林昆虫　　老令林昆虫
オビカレハ　根切り虫　　　果実昆虫　　　二次穿孔虫
モンクロ　　新梢昆虫　　　葉巻昆虫　　　マツクイムシ
シャチホコ　吸汁昆虫　　　一次穿孔虫　　ヤツバキクイ
　　　　　　葉巻昆虫　　　スギカミキリ　枯木昆虫
　　　　　　食葉昆虫　マツカレハ
　　　　　　　　　　　マイマイガ

72　森の昆虫（総論）

【コメント】
●表—4は，三重県各都市の公園・街路樹における食葉蛾類の発生状況を示したものである。上野は内陸の田園都市であるが，ほかの4都市は海岸に位置する。四日市は工業化の進んだ都市である。都市の公園・街路樹には，さまざまな食葉性昆虫が寄生するが，オオミノガは四日市で発生が多く，上野で少ない。庭園昆虫といえる。一方，マイマイガは，海岸都市に少なく，まわりに山林がある上野で発生が多い。森林昆虫であることがわかる。マツカレハ（松毛虫）も，山の松林でしばしば大発生する森林昆虫であるが，これはけっこう，都市公園にも出現してくる。東京の皇居前広場のクロマツ林にも多く，防除のためのわら巻きがみられる。

表—4　食葉性蛾類の発生状況（三重県，喜多村1973より）

昆虫の種	樹種	四日市	津	松坂	伊勢	上野
オオミノガ	ポプラ	●				
	ヤナギ		○			
	ウバメガシ				○	
	ケヤキ	○				
	サクラ	○		◎		○
	カナメモチ	○				
	ユズリハ	●				
	ツバキ	●				
	サルスベリ	◎				
	シャシャンボ		○	●		
	サンゴジュ	○				
マツカレハ	アカマツ		●		○	○
	クロマツ	○		○		○
	ヒマラヤスギ					●
マイマイガ	ヒマラヤスギ					○
	クリ					○
	シイノキ	○				
	サクラ					○
	ハナミズキ					○
	サンゴジュ					○

寄生状況：○少々，◎やや多い，●ひじょうに多い，無印は寄生なし

〔文献〕1，19，28，29，43，46，47，52，75，81，83

昆虫の異常発生［Ⅰ］　食葉昆虫

　私の森林昆虫の研究は，北海道でのポプラの害虫研究から始まった。もう40年ほどむかしのことである。まず，葉を食害する昆虫の種類調査から始めたが，それは意識せずして蛾の研究になっていた。考えてみれば当然で，樹木の葉を食べる昆虫の主たるものは，蛾の幼虫だったのである。当時，幼虫から種名のわかるものはごく少数で，この研究は，幼虫を飼育して成虫を羽化させる，という仕事が中心になった。

　ポプラには，じつに多くの昆虫が寄生する。葉を食べる大蛾類だけでも，7年間の調査で37種が確認された。そのなかに，しばしば大発生してポプラ林を丸坊主にしてしまう恐ろしい種が一つだけいた。セグロシャチホコである。もともとは，それほど個体数の多い種ではなかったが，改良ポプラの栽培が盛んになるにつれて，各地で大発生するようになった。ドイツの害虫学雑誌を読んでいたら，ヨーロッパでもセグロシャチホコが大発生しているという報告があった。多くの種類がいるなかで，どうしてセグロシャチホコだけが大発生するのか，興味ある謎である。

1　食葉昆虫の発生型　—蛾類の場合—

　ほとんどの食葉蛾類は常時，低密度で生活しているが，ごく少数の種だけが，ときに大発生することがある。食葉蛾類の発生経過は，低密度発生を含めて，次の4つのタイプに分けられる。（　）内は代表例を示した。

---

①低密度持続型発生（ほとんどの種）
②漸増漸減型大発生（アメリカシロヒトリ―サクラ）
③突発型大発生　　（マツカレハ―アカマツ）

74　昆虫の異常発生［Ⅰ］食葉昆虫

④周期型大発生　　　（ハラアカマイマイ―モミ）

図―29
アメリカシロヒトリの
幼虫と巣網

2　低密度型発生　経過と原因

　図―31（76ページ）は，東京の街路樹におけるアメリカシロヒトリの発生経過を示したものである。西ケ原のプラタナス並木では，シロヒトリの個体数は低密度で推移している。低密度発生の例である。

経過と原因
①多少の個体数変動はあるが，大発生することはない。
②森の集団安全保障システムが正常に機能している。

【コメント】
●森の生態系では，ある昆虫が増殖し始めると，それを抑える天敵が多種多数いて，みんなでその昆虫を抑えこんでしまう。私はこれを「森の集団安全保障システム」と呼んでいる。
●アメリカシロヒトリは，戦後，日本に入った侵入昆虫で，サクラ，プラタナ

第2章　森の安全保障システム　75

ス，クワなど，多種類の樹木の葉を食べる。幼虫は，クモの巣のような網を張って群生する。

●アメリカシロヒトリの生存曲線と死亡要因。(図―30)
卵から成虫まで，アメリカシロヒトリ個体群の成長過程を追跡してみると，それぞれの段階で，さまざまな抑止力が働いて，アメリカシロヒトリは次つぎに死んでいく。そして，西ケ原の場合は，成虫になる前に全滅している。そのとき働いた死亡要因は，次のとおり。

　　卵期　　　：異常気象（高温，低温，乾燥）
　　幼虫前期：捕食者（クモ，クサカゲロウ）
　　幼虫後期：　同　（アシナガバチ，カマキリ，シジュウカラ）

いろいろな死亡要因のなかで，個体数変動のカギをにぎっているものを，キー・ファクターという。アメリカシロヒトリの場合は，シジュウカラやアシナガバチなどがキー・ファクターになっている。

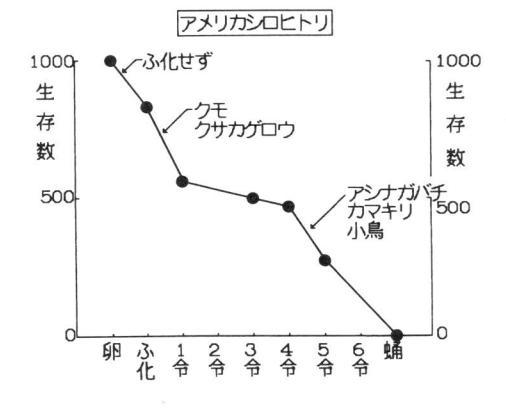

図―30　アメリカシロヒトリの生存曲線と死亡要因（伊藤 1979 より）

●森の生態系の集団安全保障システムは，昆虫の異常発生の仕組みを解析することによって，理解しやすい。大発生は，そのシステムが壊れたとき，起きるからである。

76　昆虫の異常発生［Ⅰ］食葉昆虫

3　漸増漸減型大発生　経過と原因

　図—31は，東京府中のサクラ並木におけるアメリカシロヒトリの発生経過を示したものである。漸増漸減型大発生の例である。

経過
①昆虫密度が徐々に増加して大発生にいたる。
②ピーク後も，徐々に減少して，もとの低密度にもどる。
③しばらくすると，また，徐々に密度が増加して，次の大発生にいたる。
④こんな経過をくり返す。

原因
①密度依存要因のみがつよく働く。
　この場合はシジュウカラなどの捕食者。
②ほかのチェック力はよわい。

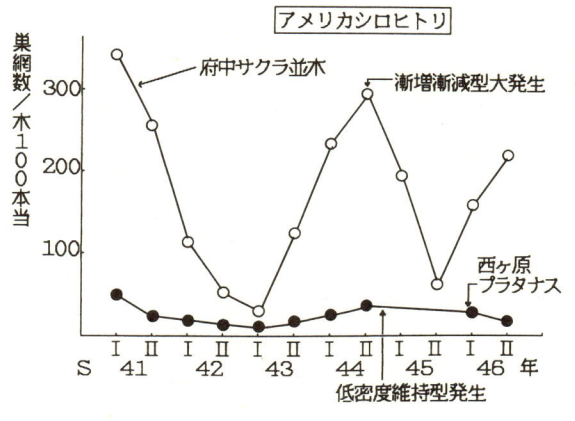

図—31
漸増漸減型大発生と低密度維持型発生（伊藤1979より）

【コメント】

●昆虫の数が増えると、それを抑えようとする働きが強まり、昆虫の数が減ると、それに対する抑制力も弱まる。このような働きをする力を密度依存要因という。

●図—32は、メジロのミノムシに対する採食行動を示したものである。メジロはいったん餌を発見すると、餌のある場所で集中的に行動する。採餌行動数がだんだん増加する。しかし、捕食数が増加するにつれて、空になる蓑が増え（ミノムシの密度低下）、採食能率も低下してくる。そして、採食にくるメジロの数も減っていく。鳥が、餌昆虫に対して密度依存的に行動していることがわかる。

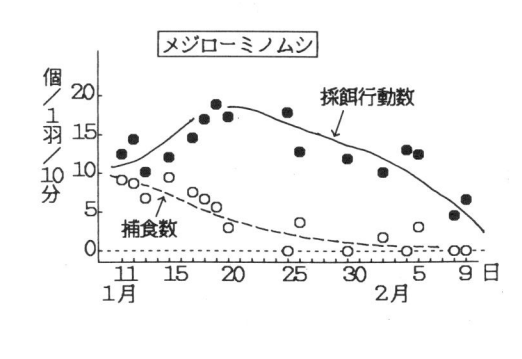

図—32
ミノムシに対するメジロの採食行動（冬）（池田1988より）

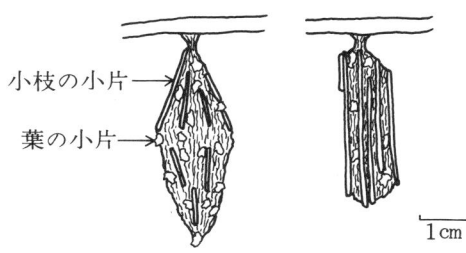

図—33
ミノムシ2種

78　昆虫の異常発生［Ⅰ］食葉昆虫

4　突発型大発生　経過と原因

　図—34 は，九州におけるマツカレハの大発生経過，図—35 は北海道におけるマイマイガとツガカレハの大発生経過を示してある。突発型大発生の例である。

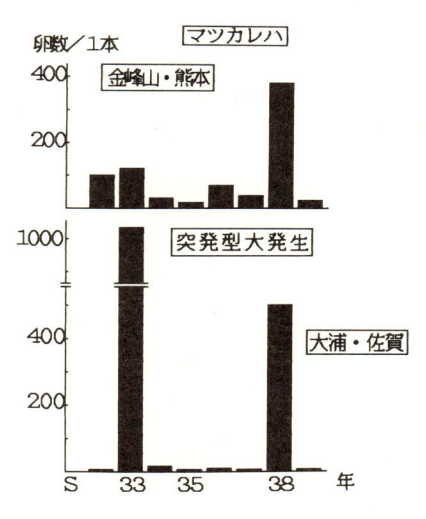

図—34
突発型大発生（広域同時型）（倉永 1975 より）

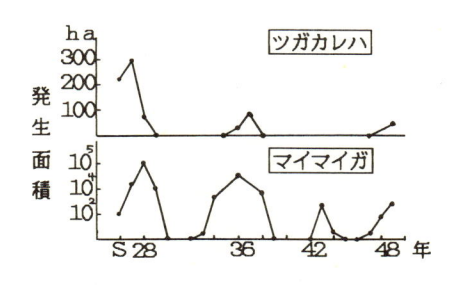

図—35
突発型大発生（異種同時型）（山口・小泉 1975 より）

経過
①突発的に起きる大発生
②1種の昆虫が,ちがう場所で同時大発生する例
③2種の昆虫が,同じ場所で同時大発生する例

原因
①異常気象
　高温少雨のような異常気象がつづくと,昆虫が大増殖し,天敵群の抑止力を突破する。
②環境の単純化
　その結果,集団安全保障システムが単純化し,抑止力が低下する。そんな場所で大発生が突然起きる。

【コメント】
●異常気象とマツカレハの大発生の例
図―36は,岩手県南部での,マツカレハ被害発生の年変動を示したもの。ふつうの年は,被害発生量は低いレベルで変動をくり返しているが,昭和60年は異常な高温・少雨となり,マツカレハは突発的に大発生した。

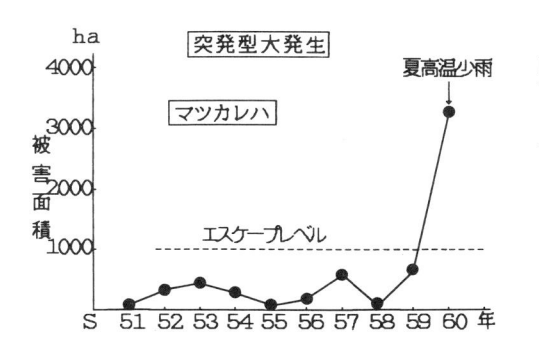

図―36
マツカレハの突発大発生
(岩手県南部)(佐藤・他1978より)

昆虫の異常発生［Ｉ］食葉昆虫

●高温は蛾の発育を促進する

図—37は，マイマイガの幼虫を高温下で飼育すれば，蛹重が増加することを示している。蛹重は成虫の蔵卵数に比例する。

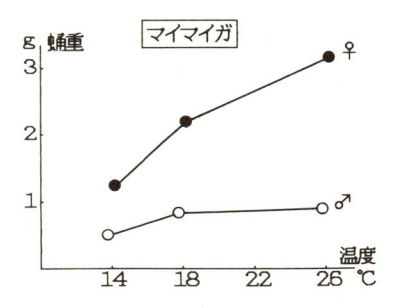

図—37
マイマイガ幼虫の発育と温度条件（餌はポプラ）
（西口 1966 より）

●環境の単純化は，蛾の生存率を高める

図—38は，環境のちがいによって，マツカレハの生存率が異なることを示している。

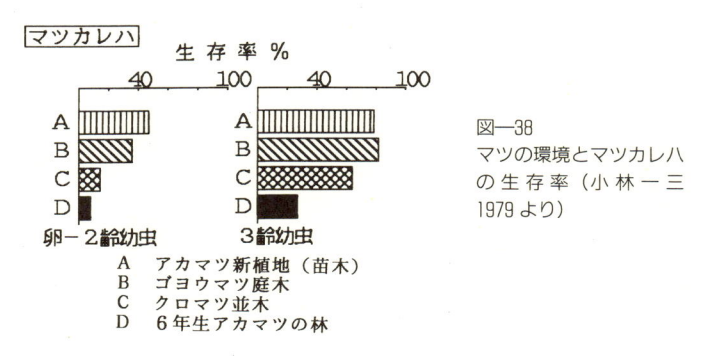

図—38
マツの環境とマツカレハの生存率（小林一三 1979 より）

A　アカマツ新植地（苗木）
B　ゴヨウマツ庭木
C　クロマツ並木
D　6年生アカマツの林

上記のマツの集団に，マツカレハの卵，および幼虫を接種した結果，環境が森の姿に近づくほど，虫の死亡率は高まる。原因は，①森という多様な環境では，天敵昆虫・動物が多種・多数生息して，昆虫のエスケープをくい止める。②逆に，森の構造が単純化するほど，天敵群の抑止力がよわくなる。

5　マツカレハの生存曲線と死亡要因

　図—39は，マツカレハが大発生しない森での，生存曲線を示したものである。各ステージに，さまざまな天敵がいて，成虫にまで生き残る率は，きわめて低い。

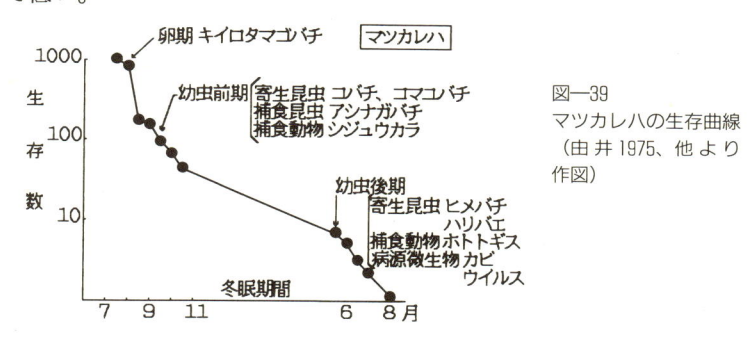

図—39　マツカレハの生存曲線
（由井1975、他より作図）

6　マツのこも巻きは松毛虫（マツカレハ）防除のためで，松くい虫防除のためではない

①松毛虫と松くい虫を混同しないこと。
②防除効果にマイナス面もあること。

　秋になると，公園や緑地のマツの幹にこも巻きが行なわれる。これは，松毛虫（マツカレハの幼虫）を駆除するためのものである。
　マツカレハの若齢幼虫は夏以降にあらわれ，樹上で松葉を食害する。冬が近づくと，幼虫は越冬する場所を求めて，幹を下る。その途中で，巻きこもがあると，その中にもぐりこんで，越冬する。春になると，越冬場所から出て，幹を登り，また松葉を食害する。そこで，春の脱出の前にこもをはずし，中の虫とともに焼却する。

82　昆虫の異常発生［Ⅰ］食葉昆虫

この防除法のマイナス面。
　こもの中には，ヤニサシガメ（松毛虫の天敵），アリモドキカッコウ（松くい虫の天敵），テントウムシ（アブラムシ類の天敵）など，さまざまな天敵類も越冬する。それらをいっしょに焼却してしまうことになる。

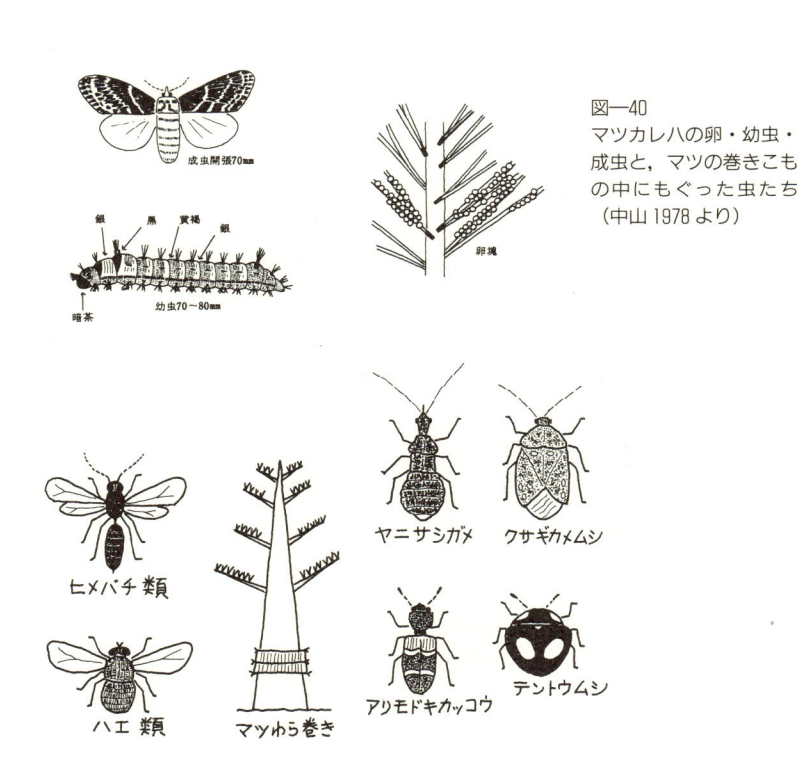

図―40
マツカレハの卵・幼虫・成虫と，マツの巻きこもの中にもぐった虫たち
（中山1978より）

7　周期型大発生　経過と原因

　図—41は，東京高尾山のモミ林におけるハラアカマイマイの発生状況が示されている。昭和5年から45年にかけて，7回の大発生が起きている。昭和35年までは，ほぼ7年間隔の周期的大発生であるが，それ以後は，農薬BHCやウイルス散布があって，発生間隔に異変が生じている。

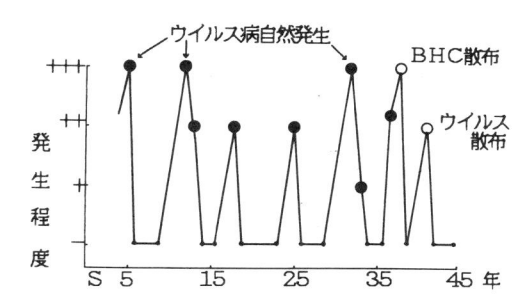

図—41　ハラアカマイマイの周期的大発生とウイルス病の発生（東京高尾山モミ林）（片桐1973より）

経過
①かなり規則的な間隔で大発生をくり返す。

原因（推理）
①大発生開始は気象条件には関係ない。
②昆虫自身の生理的リズムで増殖力が変動している可能性がある。
③大発生の後期に強力な微生物天敵が現われて，一気に終息する。
④大発生する場所には，地域的または林型的特性がみられる。これはすべての大発生型に共通する。

【コメント】
●表—5は，北海道・東北のブナ林におけるブナアオシャチホコの大発生年を示したものである。ほぼ，9-10年の間隔で大発生していることがわかる。

84   昆虫の異常発生［I］食葉昆虫

表—5　ブナアオシャチホコの周期型大発生（山家・五十嵐 1983 より）

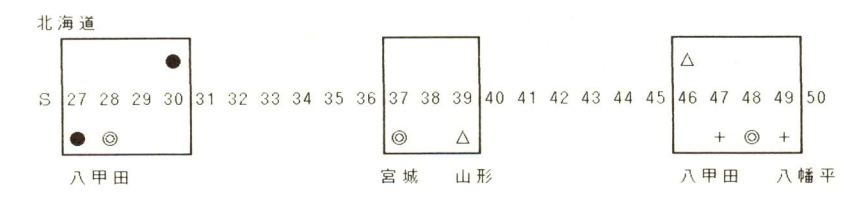

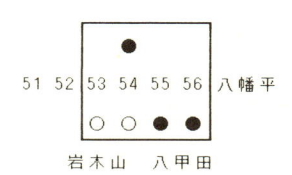

```
北海道
        ●
S  27 28 29 30  31 32 33 34 35 36   37 38 39  40 41 42 43 44 45   △   46 47 48 49 50
   ●  ◎                              ◎  △                          + ◎ +
   八甲田                             宮城 山形                      八甲田  八幡平
```

```
        ●
51 52  53 54 55 56  八幡平
       ○ ○ ● ●
       岩木山  八甲田
```

● 激害 5000ha 以上　◎ 中害 1000-5000ha　○ 小害 100-1000ha

+ 微害 100ha 以下　△ 被害発生、面積不明

● 大発生は昆虫自身の生理的リズムと関係がある。

図—42 は，鎌田のデータから，私が作ったモデル図である。

① ブナアオシャチホコは，大発生直前に，成虫（蛾）の体重が最大となる。大

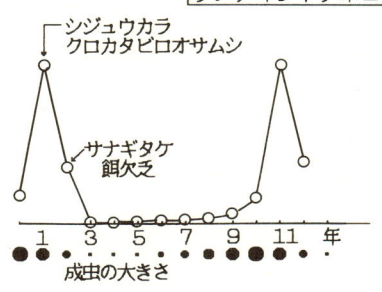

図—42
ブナアオシャチホコの周期型大発生のモデル（鎌田のデータを模式化）

図—43 ブナアオシャチホコの成虫（右）と、幼虫（鎌田）

開張 3.5 cm

発生後は、急速に小形化していく。それは、葉を食いつくした結果起こる餌の欠乏・質悪化という環境悪化に対する防衛戦略で、体を大きくして増殖をするより、体を小さくして、悪い環境に耐えるのである。

②大発生が終わってしばらくすると、木は回復し、栄養のある葉を順調に出すようになる。そんな環境になると、ブナアオシャチホコは、体を徐々に大形化して、増殖する方向に戦略を変える。そして、体重が最大になったとき、大発生が起きる。

●ブナアオシャチホコの大発生は、八甲田や八幡平の、ブナの原生林の、標高1000ｍのあたりで起きる。このあたりのブナ林は純林に近い。一方、低山帯のブナ林では、大発生は起きない。理由として、さまざまな広葉樹が混交して、餌の供給条件がわるくなること（この蛾はブナしか食べない）、いろいろな広葉樹には、それを餌とするさまざまな蛾が生息し、それを餌とする多種・多量の天敵群がいて、集団安全保障システムが強力、などが考えられる。

8　食葉昆虫の大発生終息　ーハバチの場合ー

急速に終息する場合と徐々に終息する場合がある。

急速に終息（マツノクロホシハバチ，木曽，1975）
　①食いつくしによる，餌の欠乏。
　②葉が食いつくされて，光合成ができず，翌年の葉は栄養がない。
　③昆虫は発育不全で餓死，生き残っても，抵抗力がないため，病原微生物が蔓延，大量死にいたる。

漸減型で終結（カラマツハラアカハバチ，木曽）
　①捕食性天敵群（樹上では野鳥，地中では野ネズミ）が抑止力を発揮

【コメント】
●図—44は，カラマツハラアカハバチの大発生時，エナガやシジュウカラの野鳥たちが，樹上の幼虫捕食に活躍した状況を示している。

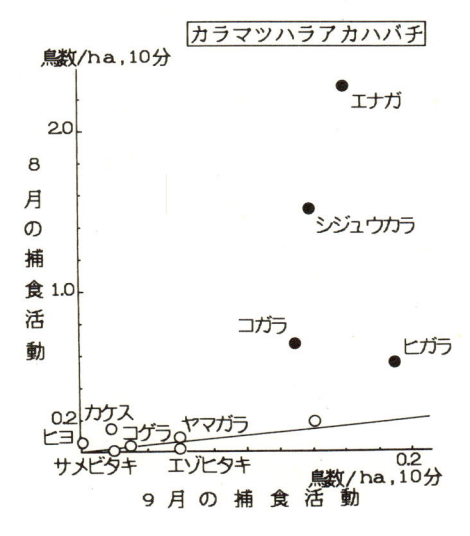

図—44 カラマツハラアカハバチ幼虫の捕食に活躍する野鳥（樹上に幼虫のいる8月と，いない9月の比較）（石田・立花 1986より）

●図—45 は，カラマツハラアカハバチの地中越冬繭に対する野ネズミの捕食率が，50％を超えると，大発生が徐々に終息していくことを示している。

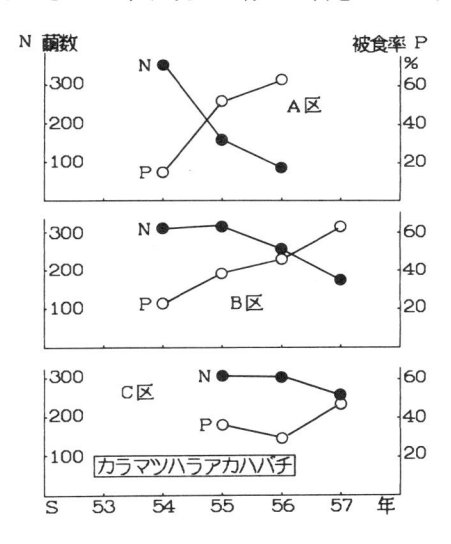

図—45
カラマツハラアカハバチの大発生終息過程における越冬繭の野ネズミによる被食率（立花・他 1984 より）

〔文献〕3，4，5，10，25，32，33，43，44，51，52，54，79，84

食葉昆虫大発生における餌植物の条件

　マイマイガは世界中に分布し，食樹範囲のきわめて広い，広食性の昆虫である。カラマツ，アカマツ，ナラ類，クリ，ニレ類，カエデ類，ハンノキ類など，草本を含めれば，餌植物は100種をこえるという。しかし，なんでも食べるとはいえ，樹種が異なれば，マイマイガ幼虫の発育度も異なってくる。

　旧ユーゴスラビアからの報告によると，マイマイガの大発生は，ナラ類を主とする広葉樹林では4～5年つづくが，ブナの森では，2～3年しかつづかない，という。原因は，ブナの葉がマイマイガ幼虫の発育に好ましくないからである。

　日本ではどうか。東北のブナの森では，マイマイガが大発生したという記録はない。北海道では，カラマツの植林地で，しばしば大発生するが，トドマツ，エゾマツとミズナラ，イタヤカエデ，ハルニレ，シナノキなどからなる天然林では，たまに大発生することはあっても，長つづきはしな

図―46
マイマイガの成虫と卵塊（左）、幼虫（右）

い。天然林のなかには，幼虫の発育に好適でない樹種が，少なくないからである。

では，特定の樹種しか食べない，単食性の昆虫にとって，餌の条件は問題になるだろうか。マツ葉を食べて生きている松毛虫にとって，マツ葉に具合のわるい条件など，あるはずがない，とだれでも考えるだろう。しかし，次のような現象が起きると，ちょっと考えてしまう。

マツノミドリハバチという虫がいる。日本特産で，幼虫は緑色をしており，マツ属の葉を餌としている。ふだんはアカマツの葉を食べているが，大発生して問題を起こす，というようなことはない。ところが，アメリカ産のストローブ五葉松が東北地方に植栽されるようになって，様子がおかしくなってきた。ストローブマツの林で大発生し，全林を丸坊主にして，林を破壊してしまうのである。

その謎を解明するために，岩手県林業試験場の佐藤さんは，在来の餌であるアカマツと，外来のストローブマツを用いて，マツノミドリハバチの発育実験を行なった。結果は，期待に反し，アカマツ飼育で高い死亡率が発生，ストローブマツ飼育では，幼虫は，死亡が少なく，すくすくと発育したのである（図―47）。

これは，なにを意味するか。マツノミドリハバチは，アカマツに宿を借りて生きている。寄生者が生きていくためには，宿主を破壊してはいけな

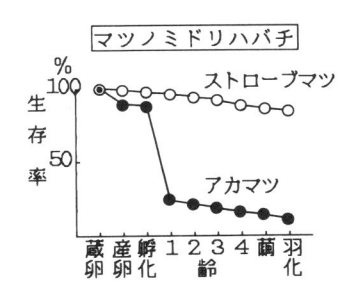

図―47
異なる食樹で飼育したマツノミドリハバチの生存曲線（佐藤 1981 より）

い。宿主と，うまくいっしょに繁栄することが重要なのである。そのバランスをとるために，生態系では，集団安全保障のシステムをとっているわけだが，宿主側も，守ってもらうだけではなく，自分自身でも防衛策を講じていることがわかる。防衛策がないと，ストローブマツのように滅びてしまう。

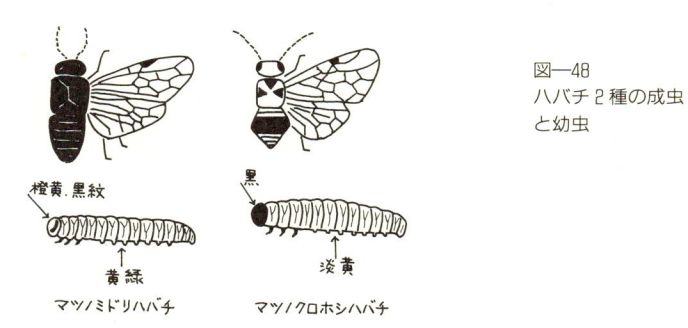

図—48 ハバチ2種の成虫と幼虫

1 マイマイガ幼虫の発育と食樹の関係

　北海道産の主要広葉樹と外来種のカラマツとポプラの2種を用いて，マイマイガ幼虫の発育状況をしらべた。結果は図—49のとおり。

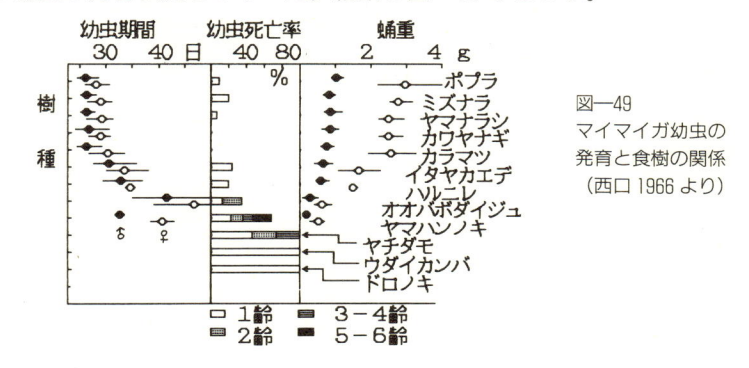

図—49 マイマイガ幼虫の発育と食樹の関係（西口 1966より）

餌としての条件
好適　　：ポプラ，カラマツ
　　　　　　ミズナラ，ヤマナラシ，カワヤナギ
やや不適：イタヤカエデ，ハルニレ
不適　　：オオバボダイジュ，ヤマハンノキ
不能　　：ヤチダモ，ウダイカンバ，ドロノキ

　北海道の天然林を構成するおもな広葉樹は，意外なことに，ミズナラ，ヤマナラシを除いて，多くの樹種は，マイマイガの発育に好適ではなかった。つまり，マイマイガのような，強力な食葉昆虫に対しては，なんらかの防衛策をもっているのである。

【コメント】
●アメリカシロヒトリが森に入らない理由
アメリカシロヒトリも，多種類の木の葉を食べる。いわゆる広食性の蛾である。そしてサクラやプラタナスの街路樹では，しばしば大発生する。しかし，森のなかでは発生しない。理由は①森のなかでは，野鳥の捕食活動が活発，②餌条件が不安定，の2点が考えられる。

〔文献〕34，51

昆虫の異常発生 [II]　　吸汁昆虫 (外部寄生)

　私は若いころ，北海道の深い森のなかで，森林昆虫の研究に没頭していた。毎日のように，外国樹種の試験林のなかや，エゾマツ・トドマツの原生林のなかを，歩きまわっていた。ドイツトウヒの林を丸坊主にしてしまうオオアカズヒラタハバチ，ミズナラの森を食べてすけすけにしてしまうチャバネフユエダシャク，エゾマツの大木を枯らすヤツバキクイムシ。さまざまな昆虫が，森の害虫として登場してきたが，アブラムシやカイガラムシの仲間とは疎遠だった。彼らが，森林害虫として登場してこなかったからである。

　ところが東京の研究室に帰って，都市の街路樹や庭園木の害虫調査を始めるようになってからは，アブラムシやカイガラムシとの闘いとなった。これらは，従来の森林昆虫学の教科書にも，あまり出てこないので，種類の見分け方や生態のしらべ方には苦労した。ともかく，初対面の種は，で

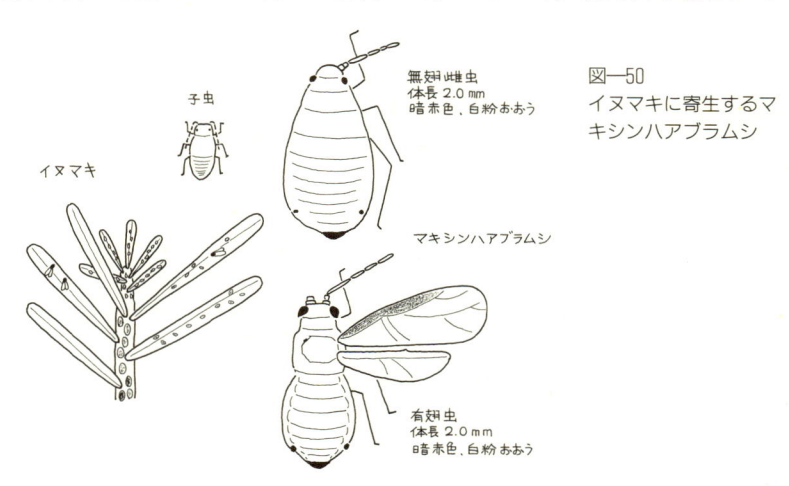

図—50
イヌマキに寄生するマキシンハアブラムシ

第2章　森の安全保障システム　　93

きるだけスケッチしておいた。書斎の棚には，そんなスケッチ帳がいっぱい詰まっている。都市は，カイガラムシ学の宝庫である。

1　おもな種類

アブラムシ型昆虫とカイガラムシ型昆虫がいる。

2　吸汁昆虫の栄養のとり方と，その結果生じる問題点

栄養のとり方
①植物組織に口針を挿入して樹液を吸収する。
②栄養の消化・吸収がよいから，増殖率が高い。

樹木の害虫化
①樹木組織の軟らかい部分に寄生。新芽・新葉・新梢の害虫に。
②糖液を分泌し，スス病を発生させ，木の美観を損なう。

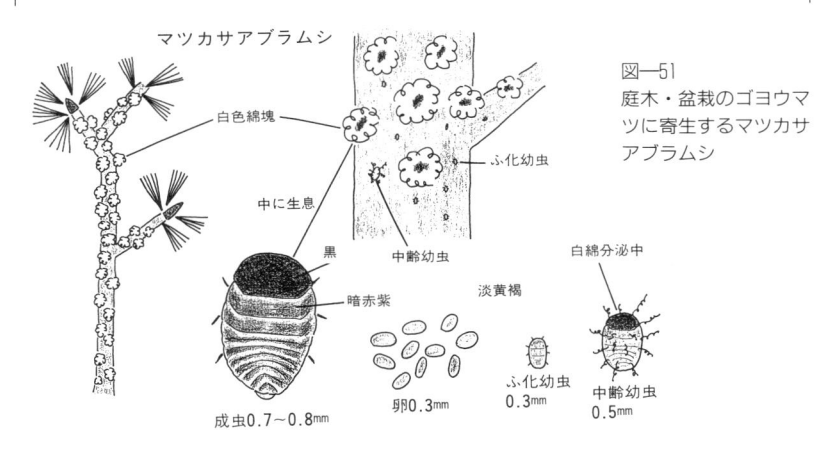

図—51
庭木・盆栽のゴヨウマツに寄生するマツカサアブラムシ

虫自体の問題点
①体が小さい（1～5 mm）から，野鳥の攻撃からまぬかれる。天敵群の構成が単純化する。
②植物に定着するから，捕食昆虫（テントウムシ）や小型の寄生昆虫（コバチ類）にねらわれる。

【コメント】
● 栄養摂取は，細い口針によるから，分子の大きい澱粉・蛋白質はとりにくく，糖分やアミノ酸が主になる。これは，消化・吸収がよい。
● 樹液は糖分を多量に含むが，アミノ酸が比較的少ない。動物が発育するには窒素が不可欠。必要量の窒素をとろうとすれば，糖分過剰になる。そこで余分の糖分を排泄することになる。

3　アブラムシの天敵防衛対策

①糖分を分泌してアリを誘引する。
②アリに天敵から守ってもらう。

4　トドマツオオアブラによる被害　－トドマツ苗の枯死率と発生原因－

　北海道でトドマツを植林すると，しばしばトドマツオオアブラの被害を受ける。しかし，天然林のなかの実生苗には被害が少ない。図―52は，広域皆伐地での植林地と天然林内での帯状植林地での，トドマツ苗のアブラムシによる枯死率を比較したものである。

枯死率
①皆伐植林地のほうが枯死率は高い。

②天然林内植林地のほうは微害のみ。

発生原因
①天然林には天敵昆虫が多いが，人工植林地には少ない。
②天然林内の苗は，糖分・アミノ酸の含有量が少なく，アブラムシには栄養価が低い（私の推理）。

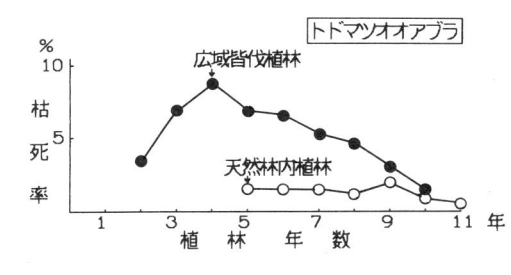

図—52
トドマツオオアブラの発生と森林環境（山口 1976 より）

【コメント】
●網かけ実験（図—53）
天然林内のトドマツ若木にトドマツオオアブラを接種し，a：網をかけてテントウムシ，ヒラタアブ，クモなどの捕食性節足動物を排除したグループと，b：網をかけず，自然のままにしたグループに分け，アブラムシの生存率をしらべる。結果は，捕食性節足動物を排除すると，アブラムシの生存率は高いが，自然のままだと，生存率はきわめて低い。つまり，天然林環境では，広食性の

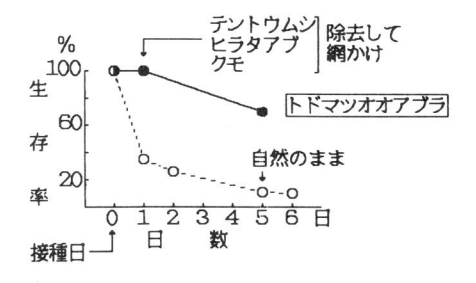

図—53
捕食性天敵を排除した場合と、自然のままの場合の、トドマツオオアブラの生存率比較（古田 1976 より）

昆虫の異常発生［II］　吸汁昆虫

テントウムシやヒラタアブなどの捕食活動が活発で，アブラムシはほとんど食べられてしまう。

5　カイガラムシの天敵防衛対策

①体を蠟質物でおおう。捕食性昆虫（テントウムシ，ヒラタアブ）の攻撃からまぬかれる。
②有力な天敵は，専門化した寄生蜂（コバチ類）だけ。
③集団安全保障システムの，いっそうの単純化。

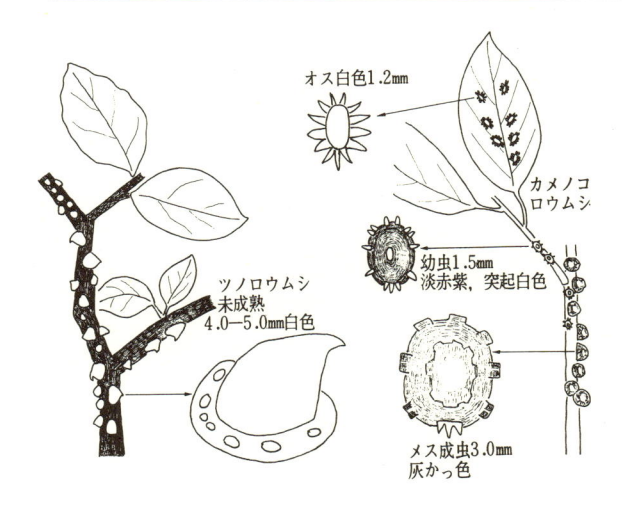

図—54
庭木によく発生するカイガラムシ2種

オス白色1.2mm

カメノコロウムシ

ツノロウムシ未成熟
4.0−5.0mm白色

幼虫1.5mm
淡赤紫，突起白色

メス成虫3.0mm
灰かっ色

カメノコロウヤドリコバチ
体長 2.2mm

6　カイガラムシは都市庭園の大害虫に

理由
①体を蠟質でおおったので，大気汚染につよい。

②逆に，天敵のコバチ類は大気汚染によわい。
③都会では，カイガラムシの増殖を抑止する力が存在しない。
　森のなかでは，カイガラムシの被害はほとんど発生しない。

〔文献〕21，28，37，52，63，65，68，80

昆虫の異常発生［Ⅲ］　虫こぶ昆虫

　スギタマバエやマツバノタマバエの大発生状況をしらべていて，つよい印象を受けたのは，それが伝染病的に移動していく，ということである。これらの虫が法定害虫に指定された理由も，この点にある。数ある森林昆虫のなかで，このようなタイプの大発生をするのは，激害型松枯れと，2，3の虫こぶ昆虫だけである。

　しかし，森のなかの虫こぶ昆虫のほとんどは，大発生することもなく，平穏に生活している。森のなかを歩いてみると，じつにさまざまな虫こぶ昆虫がいるのに驚かされる。そしてそれは，ふしぎなことに，人の興味をひきつける。森林ガイドの教材としても，なかなかおもしろい。

1　虫こぶ昆虫の栄養のとり方

①葉や芽の組織を肥大化させ（いわゆる虫こぶ），そのなかに寄生する。
②内側の軟らかな組織から樹液を吸収する。口針の短いハエ・ハチの幼虫（ウジ）でも生活可能。

2　おもな種類

植物寄生性の小さなハエ・ハチ類とアブラムシが主である。

①マツバノタマバエ	アカマツ，クロマツ	新葉
②スギタマバエ	スギ	新葉
③クリタマバチ	クリ	新葉
④マンサクフシアブラ	マンサク	新葉
⑤エゴノネコアシフシアブラ	エゴノキ	新葉

3 虫こぶ昆虫の生き方　その結果生じる問題点と対策

生活基本戦略
①タマバエ・タマバチの対気象作戦
　こぶの中で雨・風をしのぎ，乾燥にも耐える。（ハエ・ハチの幼虫は乾燥によわい）

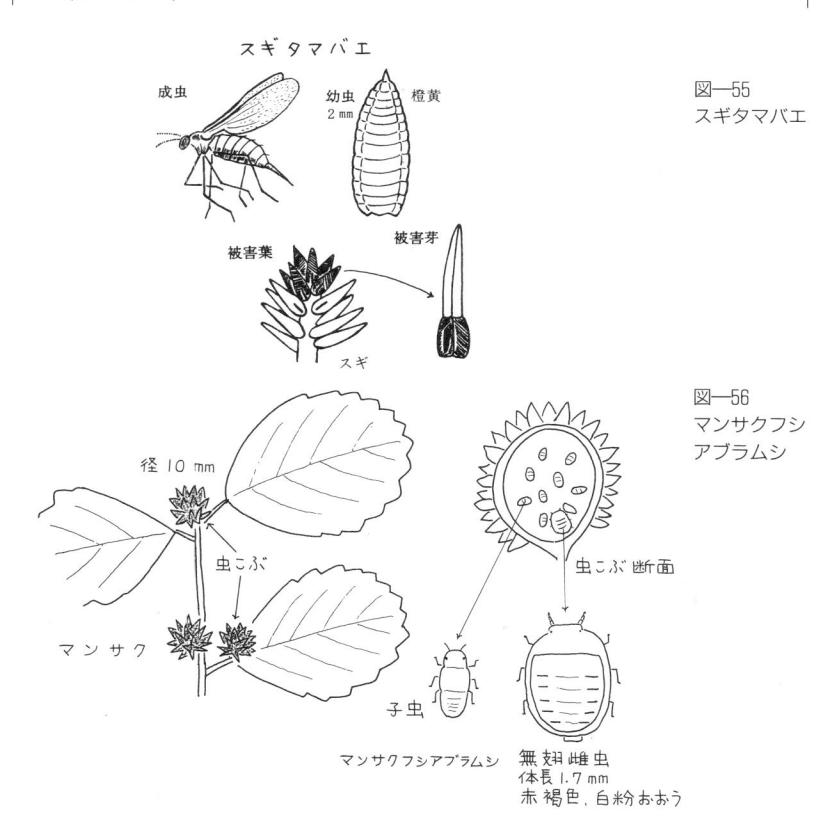

図—55
スギタマバエ

図—56
マンサクフシアブラムシ

100 　昆虫の異常発生［Ⅲ］　虫こぶ昆虫

②アブラムシの対天敵作戦
　捕食性の天敵から身を守る。（アブラムシの強敵はテントウムシ）

問題点
①栄養をとる場所がこぶのなかに制限され，吸汁をつづけると，植物組織を破壊する。
②植物組織にこぶができるのは，分裂活動の盛んな芽や若葉のときだけ。葉が成熟すると，こぶはつくれない。
　（注）組織が肥大してこぶになるのは，昆虫が成長ホルモンを注入するためらしい。

虫側の対策
①こぶの組織を破壊しないよう，虫はゆっくり成長する。夏は休眠。
　（タマバエ・タマバチ類）
②夏は，こぶから脱出して，ほかの植物へ移転（宿主転換）する。移転先では外部寄生する。（アブラムシ類）

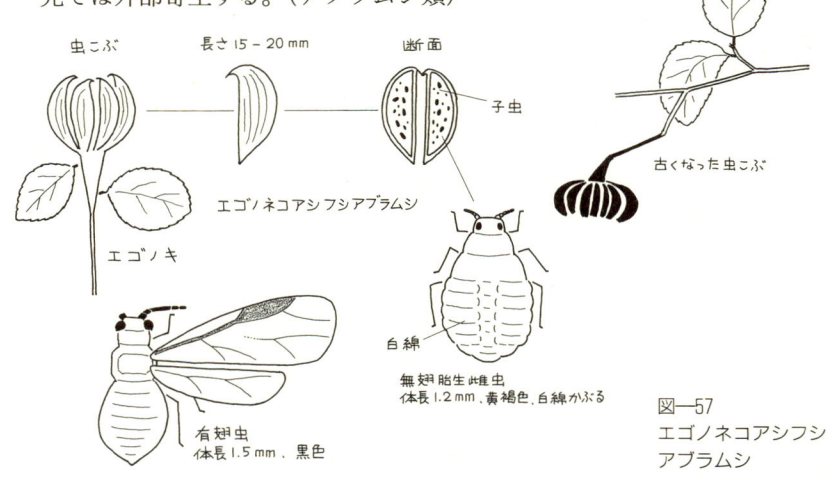

図—57
エゴノネコアシフシアブラムシ

第2章　森の安全保障システム　*101*

【コメント】
●タマバエ・タマバチ類に対しては，有効な天敵は微小な寄生蜂しかいない。こぶのなかだから，気象条件にも，あまり影響されない。つまり，生態系の集団安全保障システムは単純化しているので，虫は大発生しやすい。

4　虫こぶ昆虫の大発生型

地域的と広域的の，2つの見方が必要。

①地域的には　漸増漸減型大発生
②広域的には　伝染病型大発生

5　マツバノタマバエ　形態と生態

①成虫はカに似た形で大きさ2mm，幼虫はウジで大きさ2mm。

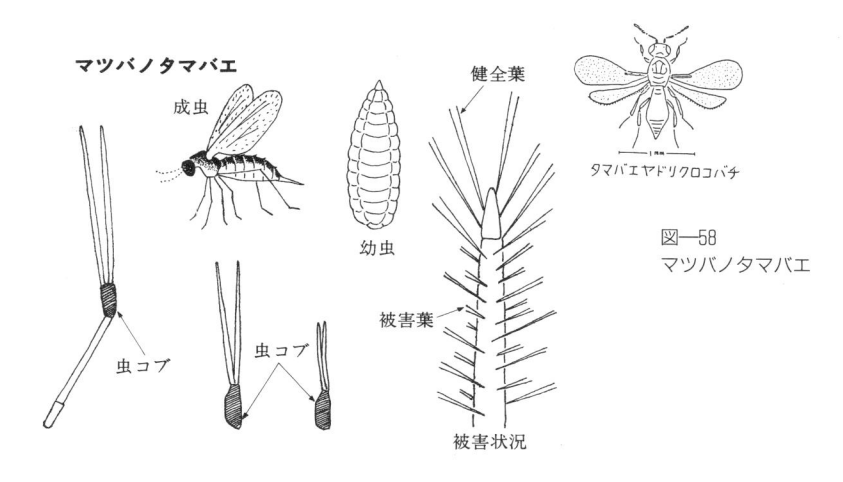

図—58
マツバノタマバエ

②寄生状況

マツ葉の基部に虫こぶをつくる。寄生葉は正常に伸長しない。しかし，虫が脱出する秋まで枯れない。

③生活史

成虫は5～6月はじめに産卵する。

幼虫はこぶ内で6～10月まで生活（夏は夏眠），11月に脱出して，地中にもぐる。

翌春に蛹化。

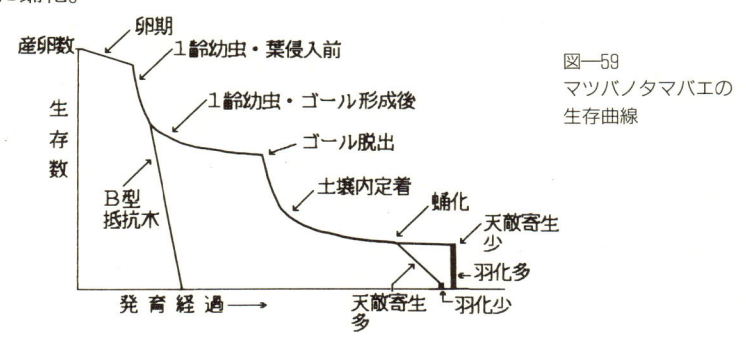

図―59 マツバノタマバエの生存曲線

6 マツバノタマバエ 大発生しやすい場所

図―60には，いままでマツバノタマバエが大発生した場所と環境を示してある。

①大発生の開始地は対馬と隠岐
②果樹園周辺のマツ山（鳥取・長野・山形県）
③マツタケ山（広島県）
④海岸マツ林（新潟・山形・秋田県）
⑤ごみ焼却場付近のマツ林（水戸市）

図—60
マツバノタマバエが大発生した場所（西口の調査による）

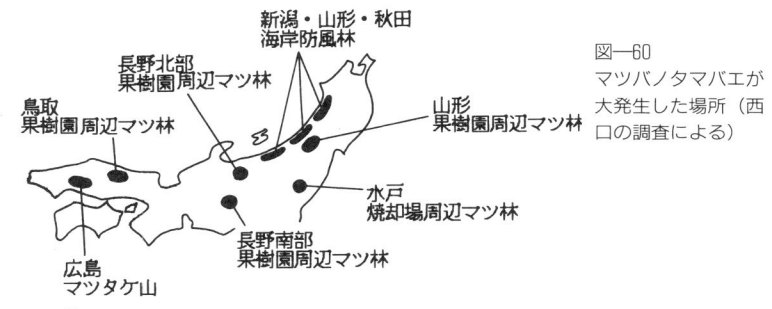

新潟・山形・秋田 海岸防風林
長野北部 果樹園周辺マツ林
鳥取 果樹園周辺マツ林
山形 果樹園周辺マツ林
水戸 焼却場周辺マツ林
長野南部 果樹園周辺マツ林
広島 マツタケ山

【コメント】
●マツバノタマバエ大発生，五つのなぞ
質問1：一般のマツ林には，ごくふつうにみられるのに，大発生しないのは，なぜ？
答　　：天敵寄生蜂が抑止力として働く（タマバエヤドリクロコバチ）
質問2：対馬と隠岐で初発生，なぜ？
答　　：本土からタマバエのみ侵入（植林用苗に付着して侵入）。
　　　　島には天敵不在。
質問3：果樹園周辺のマツ山やマツタケ山で大発生，なぜ？
答　　：果樹園やマツタケ山では，頻繁に薬剤散布をする。害虫も死ぬが，
　　　　天敵の寄生蜂のほうが，薬剤によりよわい。結果的に害虫に有利。
質問4：海岸マツ林で大発生，なぜ？
答　　：マツの落ち葉かきをしなくなったため，タマバエ幼虫の生存に有利になった。（むかしは，落ち葉を肥料・燃料にするために落ち葉かきをした）。

図—61は，海岸マツ林で，腐植層を除去した場合と，そのまま残した場合の，マツバノタマバエの羽化数をしらべたもの。残したほうが羽化数が多いのは，土壌湿度がタマバエの生存にプラスに働いたから。ハエの幼虫は乾燥をきらう。

104　昆虫の異常発生［Ⅲ］　虫こぶ昆虫

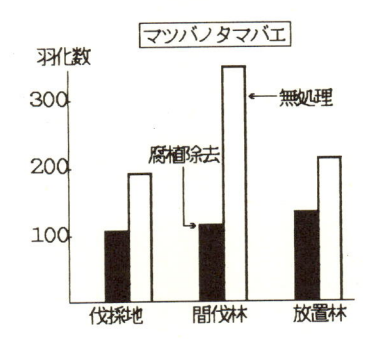

図—61
マツ林の取り扱いとマツバノタマバエの発生比較
（滝沢・他1986より）

質問5：大発生は西から東へ伝播していく。なぜ？
答　　：大発生中の個体群の一部が，隣接する地域に侵入し，その地の個体群に合流することによって，大発生勃発のきっかけをつくる。

●マツバノタマバエ　大発生の年代と経過

図—62に，本州日本海側での発生状況を示した。

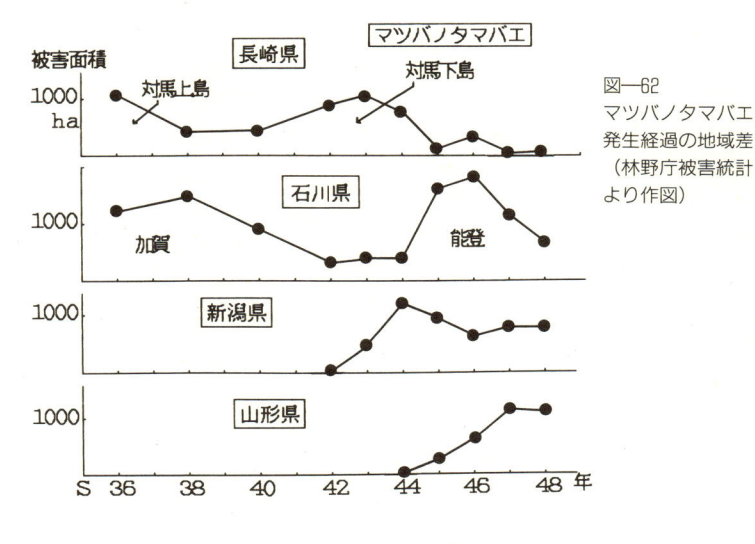

図—62
マツバノタマバエ発生経過の地域差
（林野庁被害統計より作図）

①昭和20〜30年代，対馬と隠岐の両島
②昭和30〜40年代，鳥取県，石川県
③昭和40〜50年代，新潟・山形・秋田県

年を追って大発生地域が，西から東へ移動していくことがわかる。

7　マツバノタマバエの大発生が起きる条件

次の2つの条件が重なったとき，起きる。

①隣接の大発生地域から一部のマツタマバエが侵入，地域個体群に合流。
②地域の天敵寄生蜂の密度が，なんらかの原因で減少。

8　マツバノタマバエ大発生の終息は漸減型

理由は抑制力が寄生蜂だけ。

①大発生がピークに達したとき，餌欠乏から，マツバノタマバエの増殖率は低下し，寄生蜂に追いつかれる。
②その後は，「食うものと食われるもの」の単純関係で，漸減していく。
③マツバノタマバエの数をコントロールしているのは，小さな寄生蜂だけであると考えられる。

106　昆虫の異常発生［Ⅲ］　虫こぶ昆虫

【コメント】
●図—63は，秋田の海岸マツ林での調査，タマバエと寄生蜂の「食うものと食われるものの関係」を保ちながら，終息していく様子が示されている。

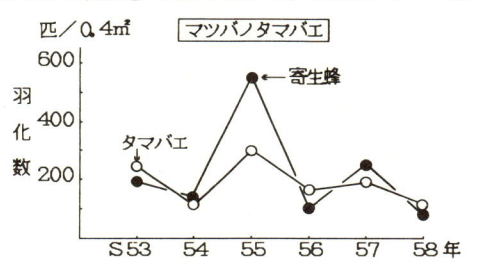

図—63
マツバノタマバエと寄生蜂の羽化数の年次変動、タマバエ大発生の終息期・秋田にて（藤岡1986より）

9　タマバエに対する抵抗性木の存在

　昭和50年代のはじめころ，秋田市の海岸クロマツ林は，マツバノタマバエの被害で，全林が茶褐色に染まっていたが，そのなかにポツポツと緑の木が見られた。しらべてみると，被害を受けない抵抗性のマツだった。本数にして1％ぐらいだろうか。自然は，強烈な気象害や病虫害を受けても，絶滅しないための備えをしていることがわかる。
　タマバエ類に対する樹木側の抵抗性を，私は次のように類型化してみた。
　抵抗性のタイプ

A型　：産卵されない
　　　　　産卵を忌避させる化学成分をもつ。
　　　　　産卵期に，まだ葉が開かない。
B型　：産卵されても，虫こぶ状に肥大しない。
　　　　　虫が分泌する成長ホルモンに反応しない。
AB型：両方の性質をもつ。強抵抗性。
O型　：抵抗性をもたない。
　　　　　ほとんどの個体がこのタイプに属する。

【コメント】

●秋田市海岸クロマツ林で抵抗性個体が選抜されたが，それは全部，B型の抵抗性であった（図―64）。スギタマバエに対するスギの抵抗性では，AB型の強抵抗性が知られている（スケエモン，オビアカ，サンブスギなど）

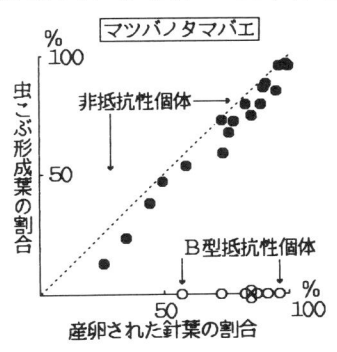

図―64
マツバノタマバエに対する抵抗性個体（秋田で選抜　武田の調査データから作図）

10　クリタマバチの出現と対策

　クリタマバチは昭和16年，岡山県ではじめて発見された。被害は激烈で，日本の野生グリ（シバグリ）は，九州から北海道まで，ほぼ全滅状態にある。中国大陸からの侵入昆虫と考えられている。

　森のなかを歩いてみると，被害を受けないシバグリが生き残っている。抵抗性個体らしい。最近，そんなクリが少しずつ増えつつある。

　栽培グリでは，抵抗性クリの育種によって，問題を解決したようにみえたが，最近，抵抗性グリに適応した新クリタマバチが出現して，新しい問題となっている。虫側の耐性獲得である。病原菌に抗生物質を乱用すると，抗生物質の効かない菌が出現するのと，同じ理屈である。害虫でも病原菌でも，徹底的に追い詰めると，変質する危険がある。生存権を認めることが，森のなかでの，かれらとのつき合い方の基本である。

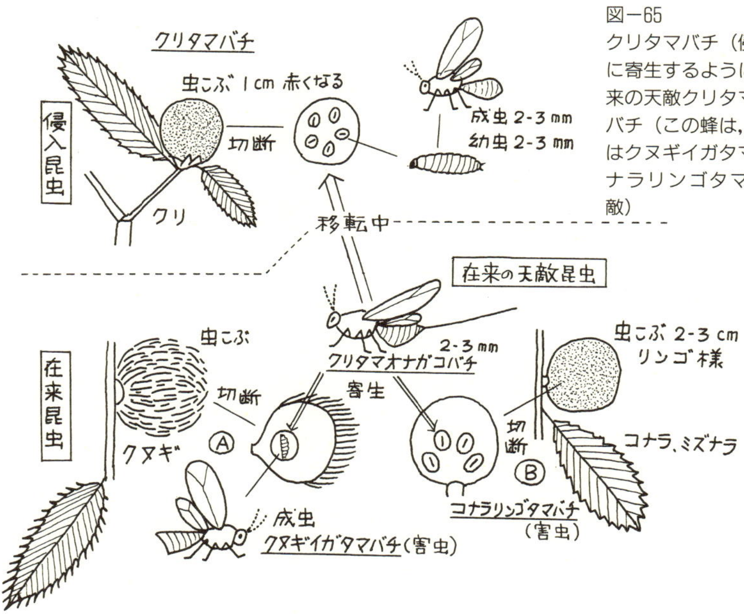

108 　昆虫の異常発生［Ⅲ］　虫こぶ昆虫

図-65
クリタマバチ（侵入昆虫）に寄生するようになった在来の天敵クリタマオナガコバチ（この蜂は，もともとはクヌギイガタマバチやコナラリンゴタマバチの天敵）

```
対策
①虫の生存権を認める
②防除法を多様化（総合防除）し，虫側の耐性獲得をしにくくする
　　クリの抵抗性育種
　　天敵による防除
　　薬剤による防除
```

【コメント】
●最近，中国大陸からチュウゴクオナガコバチという寄生蜂が導入され，防除

第2章　森の安全保障システム　　109

効果をあげつつあるという。また，日本在来の種で，もともとはクヌギやコナラのタマバチ類（クヌギイガタマバチ，コナラリンゴタマバチ）に寄生していた寄生蜂（クリタマオナガコバチ，クリタマヒメナガコバチなど）がクリタマバチにも寄生するようになってきた，という。これらの天敵群が活躍するようになれば，クリタマバチの被害も徐々に落ちついてくるだろう。

●クリの♂花はつよい香りで虫を引きつける。しかし，花粉は虫体に付着しないで，虫の振動で飛散し，♀花にかかる。♀花には蜜がなく，虫は来ない（図－66）。クリは風媒花から虫媒花へ転進中。教材としておもしろい。

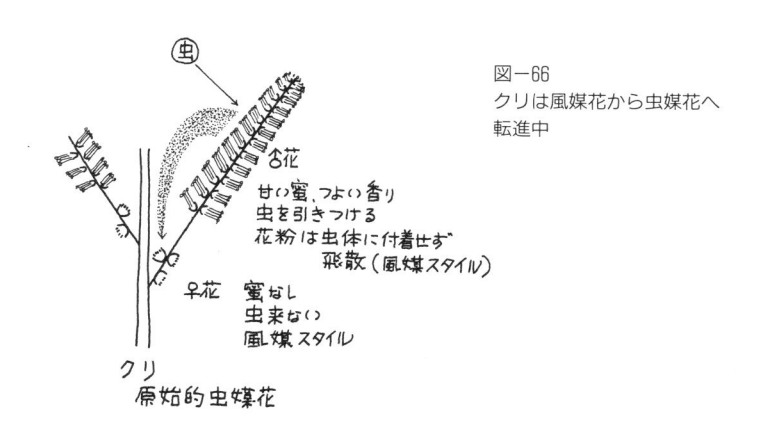

図－66
クリは風媒花から虫媒花へ転進中

〔文献〕1, 24, 29, 41, 52, 54, 57, 65, 66, 80

松くい虫（二次性穿孔虫）

　自然保護に関心をもつ若い芸術家集団に，カラースライドを使って，森の話をしたことがある。一般の人々に森の話をするときは，野生哺乳動物がどんな植物を食べ，どんな植物を避けているか，というような，食と毒にポイントをおく。人間の食べものと共通しているだけに，みなさんの興味をひく。

　しかし，芸術家といわれる人たちは，ちょっとちがっていた。Ｉさんは，樹木の樹皮下に穿孔するキクイムシの，さまざまな食痕模様に，つよい興味を示された。それからというものは，山へ行くたびに，枯れ木の樹皮を剝いで，食痕をスケッチするまでになった。

　ヨーロッパへ旅行されたときは，古本屋を巡って，Forest Entomology（森林昆虫学）の本を探すという熱の入れよう。ヨーロッパの森林昆虫学の本には，よくキクイムシの食痕の写真や図が出ているからである。そしてついに，キクイムシの食痕を題材にしたデザインで，賞まで獲得された。

　キクイムシ自体は，体長数ミリの小さな虫で，地味なものであるが，食痕は種によってさまざまに異なり，形は芸術的である。しかし，一般の自然愛好家はもちろん，昆虫マニアでさえ，あまり知られていない。キクイムシの食痕は，マツやモミの枯れ木や倒木があれば，剝皮すれば簡単に見ることができる。これを教材として利用することができれば，インストラクターとしても，活動範囲は一挙に拡大できるだろう。

1　松くい虫とは

　言葉の定義と虫の性格に着目する。
　マツカレハ（松毛虫）は，マツの葉を食べる虫ではあるが，松くい虫と

第2章　森の安全保障システム　111

はいわない。また，マツの幹につけてある「こも巻」は，松毛虫を退治するもの（冬，こものなかにもぐりこんだ松毛虫をこもとともに焼却する）ではあるが，松くい虫を防ぐものではない。

> 松くい虫とは
> ①マツ（マツ科樹種）の樹皮下あるいは材中に穿孔する甲虫類の総称。
> ②大部分は二次性昆虫である。

2　二次性昆虫とは

重要な言葉で，定義と虫の性格を正しく認識すること。

> ①健全木には寄生できない。
> ②衰弱木に寄生して，木を枯らす（殺し屋）。
> 　病原微生物をともなって，木をアタックするらしい。

【コメント】
●木の健康状態を，含水率で表示する方法（西口式）
図―67は，マツ苗の健康状態を，含水率から，健康・衰弱・枯死の3相で示

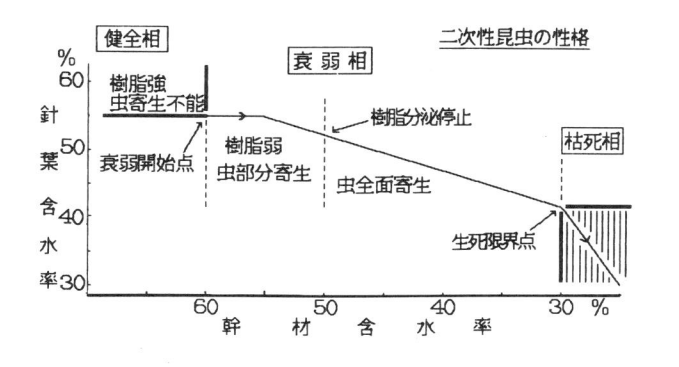

図―67
マツ苗の健全・衰弱・枯死相を含水率で表示する方法と二次性穿孔虫の寄生成否の関係（模式化・西口）

112　松くい虫

してある（測定部位は，幹1年生部分の材部と針葉）。
①健全相：苗は一定の含水率を維持。
②衰弱相：水分欠乏状態になると，苗の含水率は低下しはじめる（衰弱開始）。しかし，衰弱段階では，給水すると，含水率は回復する（健康回復）。
③枯死相：含水率がある限界をこえて低下すると，給水しても，含水率は回復しない。枯死決定。

●マツ苗の健康度と松くい虫（幼虫）の発育
私は，灌水回数を変えて，マツ苗の含水率をさまざまな程度に調節し，マツキボシゾウムシに産卵・寄生させて，マツ苗の健康度と幼虫の発育との関係をしらべてみた。結果は次のとおりであった（図—68）。
①水分が十分ある健康苗では，虫はほとんど死亡する。
②水分が減少しはじめた衰弱苗では，虫は発育を開始する。
③苗の衰弱が進行すると，虫の死亡率は減少し，発育もよくなる。
④苗の含水率が低下すると，虫の発育がよくなるのは，マツの樹脂分泌力が低下して，抵抗力がなくなるからである。

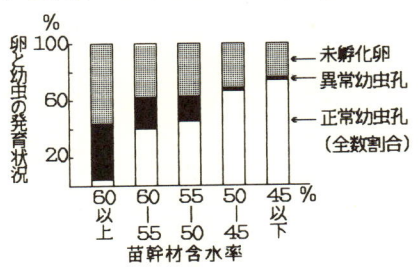

図—68　マツ苗の健康度（含水率で表示）とマツキボシゾウムシの発育（西口 1968 より）

3　松くい虫のおもな種類

マツ科のマツ属・トウヒ属・モミ属・カラマツ属別に，松くい虫のおも

な種を表—6に示した。アンダーラインのある種は重要種である。

表—6 松くい虫のおもな種類

属	キクイムシ	ゾウムシ	カミキリムシ	タマムシ
マツ属	<u>マツノキクイ</u> マツノコキクイ キイロコキクイ	<u>マツキボシゾウ</u> クロキボシゾウ シラホシゾウ類 オオゾウ	<u>マツノマダラカミキリ</u>	ウバタマムシ
トウヒ属	<u>ヤツバキクイ</u>		エゾマツカミキリ	
モミ属	トドマツキクイ モミノコキクイ		ヒゲナガカミキリ	
カラマツ属	カラマツヤツバ			

4 松くい虫の食痕

表—7のように，成虫や幼虫の食痕の形から，虫の種類を知ることができる。

表—7 松くい虫の食痕

```
①幼虫孔のみ… ┌a 孔は細かい虫糞で詰まる              …ゾウムシ類
              └b 孔は細かい虫糞と，繊維状の木屑で詰まる  …カミキリ類
②母孔（成虫孔）と幼虫孔からなる                    …キクイムシ類
       a 母孔は 1 つ                            …マツノキクイ
       b 母孔は 2 つ ┌横長                      …マツノコキクイ
                    └縦長                      …ヤツバキクイ
       c 母孔は 3 つ                            …カラマツヤツバキクイ
       d 母孔は多数                             …ホシガタキクイ
       e 共同母孔                              …コキクイ類
```

（注） 1つの母孔に1♀成虫
　　　共同母孔は1つの母孔に♀成虫多数で共同利用

114   松くい虫

　図—69 は，マツ科樹木の樹皮下に刻まれた松くい虫の食痕を示してある。ゾウムシとカミキリムシの成虫は，外部から樹皮内に産卵するが，キクイムシの場合は，成虫自身が枝幹に穿孔・潜入し，樹皮下に母孔をほって，そのなかに産卵する。

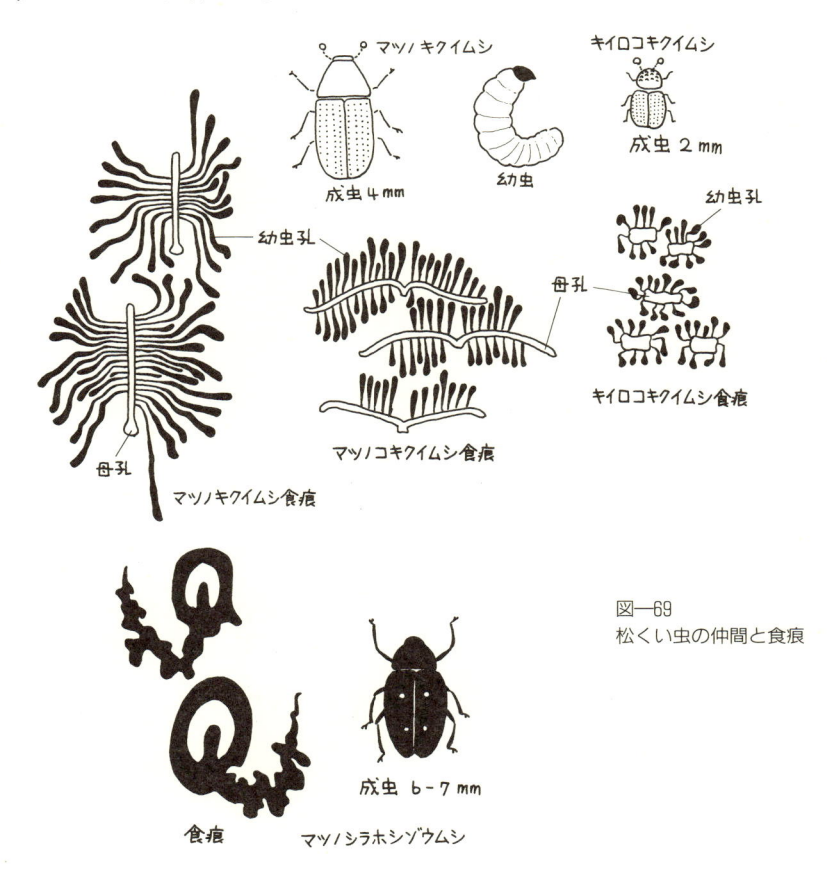

図—69
松くい虫の仲間と食痕

5　二次性キクイムシの食痕は，なぜ一夫多妻型になるのか

♀は危険にさらさない，という生物社会の大原則に着目。

① 最初に木にアタック（穿孔）する虫は，木の抵抗を受けて死ぬ危険性が大きい。
② ♂が最初のアタッカーとなる。
③ ♀は，♂が穿孔に成功したあとに入る。
④ ♀は危険にさらさない。これは，生物社会の大原則。
⑤ ♂の死亡率が高くなり，性比のバランスがくずれる。その解消法として，一夫多妻となる。

6　樹木と二次性穿孔虫の関係

　両者のバランスのとり方は武力均衡，それでいて，両者とも生存権が保障されている点に着目する。

---

① 樹木は，自分自身の抵抗力で，二次性穿孔虫の攻撃から，自分の身を防衛する。
② 樹木が，病気になったり，老齢になったりして，衰弱すると，二次性穿孔虫は，そんな衰弱木を餌にして，生きていける。虫も生存権が保障されている。だから，健全木を冒すほど狂暴化してこない。
③ 樹木と二次性穿孔虫との関係は，武力均衡。ここでは，集団安全保障システムは働かない。つまり，天敵は頼りにならない。

7　エゾマツ天然林施業の問題点

　天然林施業とは，人工植林ではなく，自然の力を利用して，森林を形成し，木材収穫もする。樹木伐採は択伐（ぬき伐り）によるのがふつうである。エゾマツ林の場合，二次性穿孔虫ヤツバキクイへの対応と大型キツツキの保護に着目する。

図—70
ヤツバキクイの成虫
（下：体長4〜5mm）と、
食痕（左：2母孔縦長）

森の健康維持には衛生択伐
①天然林は一般に，老衰木が多い。
②択伐をすると，残存木が風と乾燥にさらされ，衰弱しやすくなる（エゾマツは浅根性）。
③森のなかに衰弱木が多いと，ヤツバキクイの増殖を促す。
④森の健康を維持するために，老衰木を優先的に伐る。これが，衛生択伐。

図—71
北海道・針広
混交天然林

衛生択伐の落とし穴
①衛生択伐は老木や腐朽木を除去。
②老木や腐朽木はキツツキの営巣木。
③衛生択伐をやりすぎると，大型キツツキを滅ぼすおそれがある（北アメリカの例）。

では，どうするか
①木材生産を重視するのか，環境保全を重視するのか，その目的によって森林管理の方法も異なってくる。

〔文献〕8, 29, 42, 49, 51, 52, 63, 69

松材線虫病（エイズ型松枯れ）

　枯れたマツを伐倒し，樹皮を剝いでみると，マツノキクイやマツキボシゾウなど，さまざまな甲虫がみつかる。いわゆる松くい虫と呼ばれている虫たちである。長いあいだ，マツを枯らすのは，松くい虫と考えられていた。しかしその一方で，松くい虫は二次性昆虫であるという見方もあった。

　昭和30年代以降，松枯れは，西日本から東日本に拡大する。松枯れが激しくなるにつれて，松くい虫の寄生性を明確にしないと，被害防除の根本対策がとれないという状況になってきた。私は，マツキボシゾウを使って，実験的手法で，それが一次性か二次性かの解明に没頭した。実験結果は，マツキボシゾウムシは健康なマツに寄生できない二次性昆虫であることを示した（前節参照）。この結果は，当然，すべての松くい虫にもあてはまる。

　では猛威をふるう松枯れの，真の原因はなにか。昭和46年，真犯人としてマツノザイセンチュウという，体長1mm弱の線虫が発見された。発見したのは樹病学の研究者だった。そして，それをマツからマツへ運ぶのがマツノマダラカミキリであることも判明した。真事実発見の栄光は樹病研究者にさらわれた。そのかげに，数十年にわたる森林昆虫学研究者たちの，血のにじむような努力があったことは，あまり知られていない。

1　松枯れに，2つのタイプがある

老衰型松枯れ
衰弱したマツが，二次性の松くい虫に冒される。
①老衰して抵抗力（樹脂分泌力）がなくなったマツ。
②乾燥がつづいて水分欠乏状態になったマツ。

第 2 章　森の安全保障システム　　119

> エイズ型松枯れ
> 健康なマツを次々に冒していく，伝染病。
> ①殺し屋：マツノザイセンチュウ
> ②運び屋：マツノマダラカミキリ

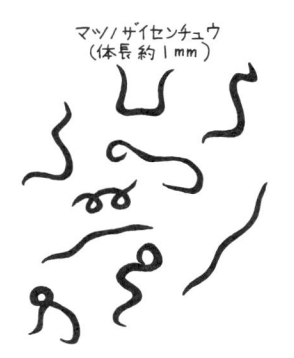

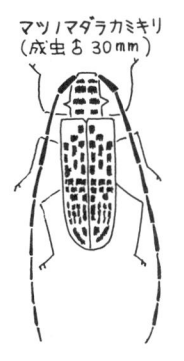

図—72
エイズ型松枯れの
殺し屋と運び屋

【コメント】
●流行病的な，激しい松枯れは，従来，「激害型松枯れ」と呼ばれてきたが，その病原が外来生物であること，病気が流行病であること，という 2 つの性格を明確に表現するために，私は，今回はじめて「エイズ型松枯れ」という呼び方を使うことにした。

2　エイズ型松枯れは，センチュウとカミキリの共同作戦

マツノザイセンチュウは，健康なマツに寄生する力はあるが，自力でマツからマツへ移動できない。マツノマダラカミキリは，自力でマツからマツへ移動できるが，健康なマツには寄生できない。そこで，両者が共同して，健康なマツをドンドン冒していく作戦が練られた。そのやり方は次のとおりである（図—73）。

120　松材線虫病

①カミキリの新成虫は，5〜6月に繁殖木から脱出，そのとき繁殖木の材中にいたセンチュウが，カミキリの体内にもぐりこんで，いっしょに脱出する。
②カミキリの新成虫は，まずはじめに，近くの健康なマツの梢に飛行し，軟らかい樹皮をかじる（栄養摂取のため，この現象を後食という）。
③カミキリのかみ傷から，センチュウがマツの樹体内に侵入，繁殖を始める。
④センチュウ寄生木は，やがて樹脂分泌停止。秋以降，針葉赤変，枯死。
⑤カミキリは樹脂分泌停止木に産卵，幼虫は樹皮下で発育開始，翌春蛹化する。
⑥翌年春，樹体内のセンチュウは，カミキリの蛹室のまわりに集合，羽化する新成虫への移動準備を始める。

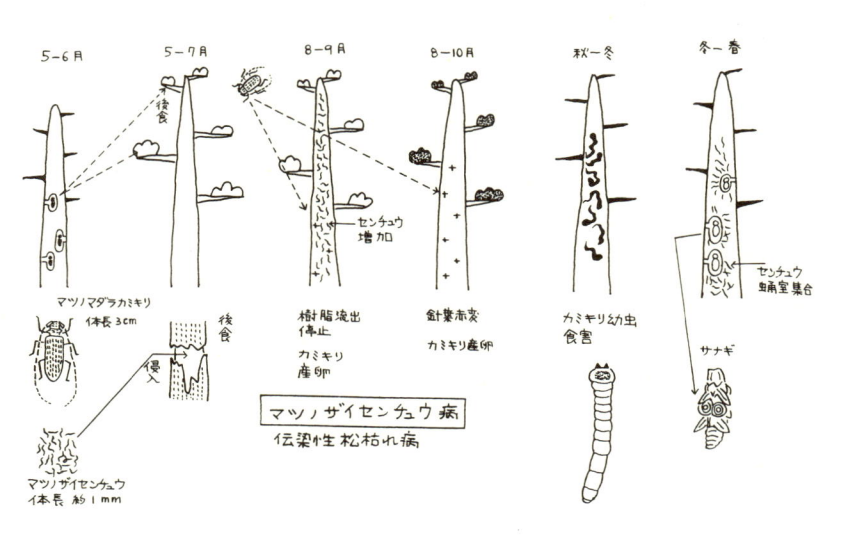

図—73 エイズ型松枯れは、線虫とカミキリの共同作戦

3　線虫侵入後の，寄生木の枯死過程

　線虫がマツの樹体内に侵入したのち，マツがどのような経過をたどって枯死にいたるか，そのメカニズムは十分には解明されていないが，さまざまなデータから，下記のような経過をとる，と考えられる。

```
線虫侵入 → toxin 分泌 → 樹脂道柔細胞破壊 → 樹脂分泌圧ゼロ → 線虫
     ↓              ↓                              爆発的増殖
   一年葉赤化    通水阻害 → 蒸散停止 → 当年葉黄化 → 枯死
```

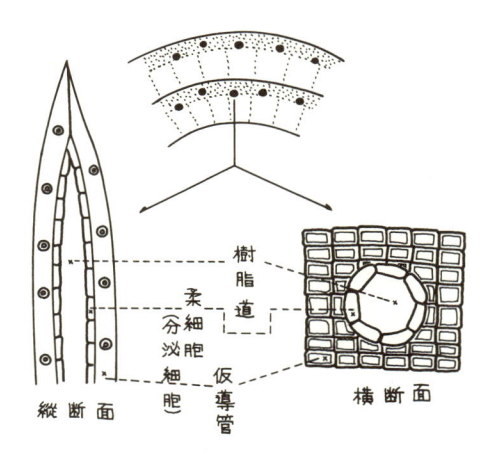

図―74
マツの材部の構造

4　エイズ型松枯れから学ぶ「自然のおきて」

①外来の病原微生物は恐ろしい。
　マツノザイセンチュウはアメリカから日本へ侵入したものらしい。アメ

リカのマツは抵抗力があるが，日本のマツには抵抗力がない。
②自然の生態系のなかでは，こんな激しい殺戮は起こらない。病原微生物（殺し屋）は，原則として二次性。
　すべての生きものは，病原微生物に冒される。よわいものは淘汰され，抵抗力のあるものが生き残る（抵抗性獲得）。その結果，病原微生物との共存関係が成立する。マツノザイセンチュウも，アメリカでは，単なる二次性虫である。
③二次性病原微生物も，他国へ侵入したとき，しばしば一次性となる。

図―75
エイズ型松枯れ
（和歌山県）

【コメント】
●エイズ型松枯れの歴史と自然的・社会的背景（図―76）
①初発生は明治末から大正年間，長崎・佐世保・相生・横須賀に侵入
②昭和20年代，第一次大発生，西日本で激害
　　原因：戦争によるマツ林の荒廃・衰弱

③被害木の伐倒・剝皮・焼却で，大発生鎮圧
④昭和30〜40年代，被害漸増，地域は東方へ拡大
⑤昭和46年，病原マツノザイセンチュウ発見
⑥昭和50年代，第二次大発生，被害は全国に拡大
　　原因：高度経済成長による松林の環境破壊広域化，高温少雨の異常気象
⑦現在，関東以西の暖地では被害は鎮静化
　　原因：松林は減少して広葉樹林化，残存松は抵抗性化
⑧寒冷地域では，病原線虫の力が弱化，被害は慢性化して，微害状態つづく
⑨マツノザイセンチュウは，日本でもマツが抵抗性を獲得，徐々に二次性虫になりつつある。

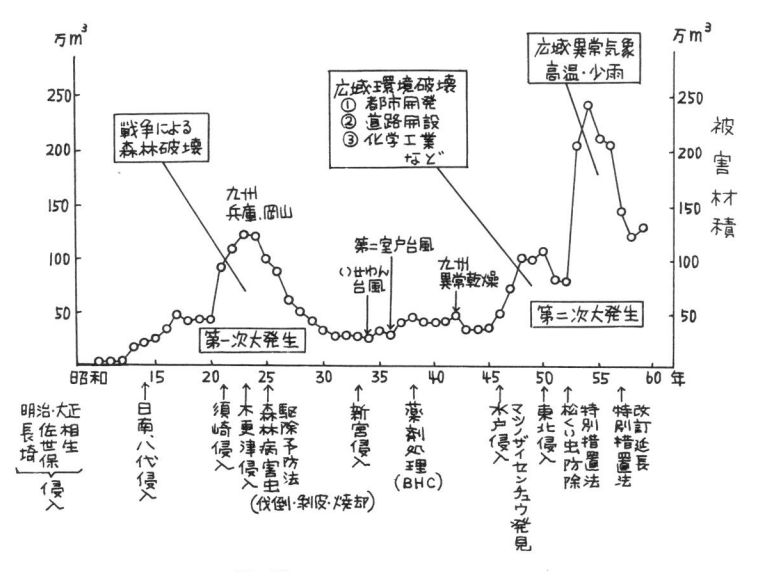

図—76
エイズ型松枯れの発生経過（数値は林野庁資料，コメントは西口）

5　松くい虫防除特別措置法

　エイズ型松枯れは，個人的に対応できるものではない。現在は，「松くい虫防除特別措置法」という法律で，国と県が中心となって対応している。

①この法律は，現段階では，薬剤利用による防除を主体においているが，将来的には，松林をほかの樹種に転換するとか，海岸防風林のように，マツでしか成林できないところでは，抵抗性松に植え替えていくとか，さまざまな方策が講じられている。
②この法律は，昭和52年に成立した時限立法で，5年ごとに，再検討されることになっている。平成4年に3回目の改訂延長された。

【コメント】
●法律名に「松くい虫」という用語が使われている。学問的には「松材線虫病防除特別措置法」というべきところだろうが，松枯れ防除の法律に関しては，マツノザイセンチュウの発見以前から「松くい虫」という言葉が法律用語として使用されてきた，という経緯がある。そのため，変更しにくい面があるらしい。そこで法律用語としては，「松くい虫」という言葉のなかに，マツノザイセンチュウを含ませている。そのため，マスコミ報道では「松枯れは，マツノザイセンチュウという名の松くい虫によって起きる」というような，変な文章がまかりとおることになる。

〔文献〕22，29，51，74

スギ・ヒノキの穿孔虫　―林業大害虫―

　昆虫マニアのなかでも，カミキリはとくに愛好者が多い。林業家が害虫として恐れるスギカミキリやスギノアカネトラカミキリも，昆虫マニアにとっては，小さな宝石にみえる。PHP研究所発行の図鑑『甲虫』（平成6）を見ていたら，スギカミキリもスギノアカネトラカミキリも，三つ星マークがついていた。つまり，比較的珍しい種で，「かなりまじめに年間通して野山にでかけていれば1年に1回くらい出会うことができる種」とある。

　林業家も，駆除ばかり考えないで，昆虫マニアを呼んで，カミキリを採集させながら，被害防除をいっしょに考えてみるのも，おもしろいのではないか，と思う。

1　スギ・ヒノキ材のハチカミとトビクサレ

　ハチカミ・トビクサレは林業・木材関係者の用語。ハチカミは山陰地方でよく聞くが，語源不明。

被害の形
①ハチカミ
　スギの樹皮と材が虫害でデコボコになる。製材しても，満足な板はとれない。被害木は外部から一目瞭然。
②トビクサレ
　被害状態は，外部からはわからない。製材すると，点てんと黒変した腐れ部分が現われる。板材価値は半減。スギ，ヒノキ，アスナロにみられる。

原因
①ハチカミ　…スギカミキリ
②トビクサレ…スギノアカネトラカミキリ

図—77
スギのハチカミ

2　スギカミキリは一次性か　スギへの寄生の仕方とスギの反応

　一次性とは，健康な木に寄生する力をもつこと。
　スギカミキリの被害は，壮齢の健康な木に発生するところから，従来は一次性穿孔虫と考えられていた。しかし，詳しくしらべてみると，一次性といいきれない面がある。

寄生の仕方とスギの反応
①卵は，幹の粗皮のあいだに産み込まれる。
②孵化幼虫は樹皮にもぐるが，生きた組織の内皮に突入するとき，死亡率

は急に高まる。
③幼虫の侵入が内皮に達したとき，スギは樹脂を分泌し，カルスを形成して，防衛する。樹皮と材部は変形する。
④生き残った幼虫は，成長して，やがて材中に侵入して，蛹になる。材中での死亡率は低い。

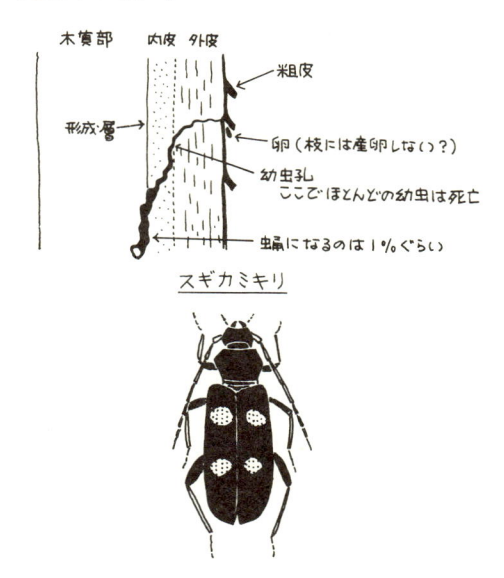

図—78
スギカミキリの成虫
（下：体長10〜25 mm）
と、幼虫の孔道

【コメント】
●生木幹と伐倒丸太への幼虫接種実験（図—79）
①生木の幹に接種した幼虫は，若齢で70〜80％が死亡し，成長して材中に侵入したものは，わずかに数％にすぎない。
②伐倒丸太に接種した幼虫は，死亡率がきわめて低く，80％以上が成長して材中に侵入した。

③死亡率のちがいの原因は樹脂。生きた木は樹脂を分泌するが，死んだ丸太は樹脂を分泌する力がない。

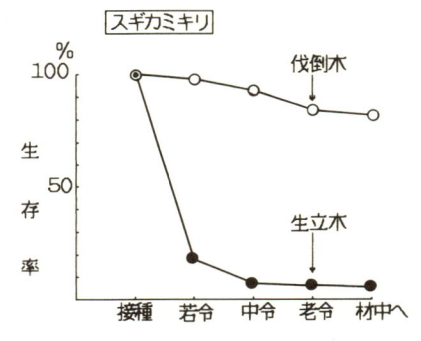

図—79 生立木と伐倒木でのスギカミキリ幼虫の生存率比較（奥田1982より）

● 気象条件の影響

①幼虫が孵化して，内皮に侵入する時期（5月）に，高温少雨がつづいた年は，被害が大きい。

②水分欠乏が，木の樹脂分泌力を低下させる。

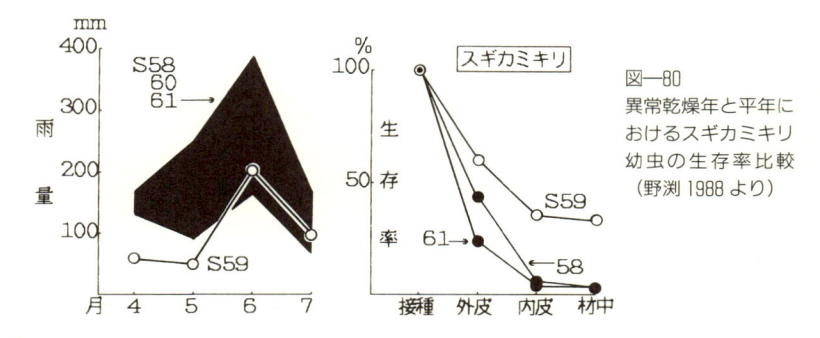

図—80 異常乾燥年と平年におけるスギカミキリ幼虫の生存率比較（野渕1988より）

● 地域環境の影響

5月に高温少雨が起こりやすい地域は，被害が大。たとえば，九州中・南部にくらべると，山陰地方は被害が大。

●木を痛めると，被害大
●採種木，採穂木は被害大

3　スギカミキリは一次性か，結論

①一次性ではない。
②二次性ともいいきれない。なぜなら，樹脂に耐えて生き残るものがいる。
③結論：二次性昆虫から一次性昆虫への進化途中にある。
　（注）なぜ進化していくのか，理由は小著『森林保護から生態系保護へ』参照

4　スギカミキリ被害の防除法

> ①化粧剝ぎ
> 　山陰地方では，幹の粗皮剝ぎが習慣的に行なわれている。カミキリの産卵場所をなくすためである。幹面をきれいにするので，「化粧剝ぎ」という。
> ②粘着テープ
> 　成虫を捕獲するために粘着テープを幹に巻く。
> ③抵抗性品種
> 　被害を受けにくい抵抗性品種を利用する。

【コメント】
●抵抗性には二つのタイプがある（西口方式）
　A 型　：産卵数が少ない
　B 型　：産卵されるが，ハチカミ症状にならない
　AB型：両方の性質をもつ

O型　：非抵抗性（感受性）
● 品種別スギカミキリの抵抗性
図—81 は，兵庫県北部地方での調査データから図化したもの。

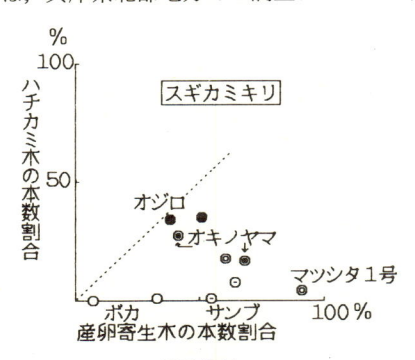

図—81
スギ品種のスギカミキリに対する抵抗性のちがい（兵庫県）（吉野 1981 より）

ボカスギ　　　：AB 型抵抗性
サンブスギ　　：B 型抵抗性
マツジタ1号　：B 型の弱抵抗性
オキノヤマスギ：B 型の弱抵抗性
オジロスギ　　：O 型（感受性）
● スギ丸太に穿孔するヒメスギカミキリは死物寄生

5　スギノアカネトラカミキリは，死物寄生か

　死んだ植物組織に寄生して栄養をとる生き方を「死物寄生」，生きた植物組織に寄生して栄養をとる生き方を「活物寄生」という。（植物病理学）

スギへの寄生の仕方とスギの反応
①産卵は生きた木の枯枝。
②孵化幼虫は枯枝の材に侵入，幹方向に進行，生幹の材中に侵入。

③幹の材中で成長した幼虫は，反転して，来た道をひき返し，枯枝に出て，蛹化。
④この間，木からの抵抗は受けない。
　寄生部分の材組織は死んでいるので，木側の防衛反応はない。
⑤被害材部分には雑菌が繁殖して黒変（製材するとトビクサレとして現われる）。

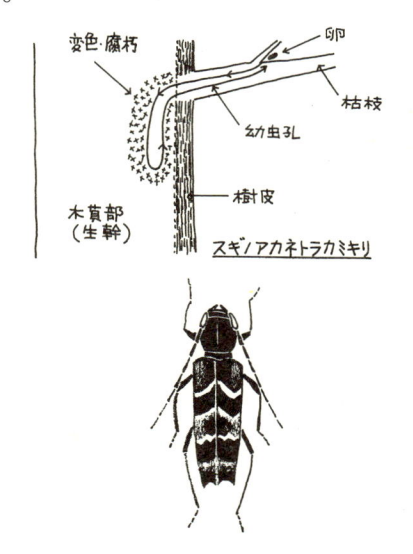

図—82 スギノアカネトラカミキリの成虫（下：体長10～14mm）と幼虫の食害コース

結論
①枯枝と幹材部という，死んだ組織に穿孔するとはいえ，寄生するのは健康なスギ・ヒノキであるから，死物寄生とはいいにくい。
②死んだ組織に穿孔するから，活物寄生でもない。
③結論：死物寄生から活物寄生への進化途中にある，と考えられる。

【コメント】
●スギノアカネトラカミキリは，枯枝に産卵するとはいえ，生きたスギ・ヒノキの枯枝であることを認知して，産卵しているふしがある。生きた幹の材は，死んだ組織とはいえ，高い含水率をもつ。枯れた幹の材とは，同じではない。
●どんな木が被害を受けやすいか
①枯枝の多い木。間引き手入れの不良林はあぶない。
②枝打ち手入れは，被害を防ぐ。
③老木は，枯枝が発生しやすく，寄生を受けやすい。
●東北地方で，スギノアカネトラカミキリの発生が多い地域は，青森県下北・津軽半島と秋田県北部から岩手県西部の一部である。前者は青森ヒバの天然林，後者は秋田杉の天然林が集中的に分布する地域である。スギノアカネトラカミキリは，青森ヒバと秋田杉の老木が多量に存在する森で生活していた昆虫といえる。

〔文献〕15, 27, 29, 51, 55, 56, 67

一次性穿孔虫 　—広葉樹と共生—

　一次性穿孔虫とは、健康な木に穿孔・寄生する虫のことである。
　広葉樹には、いろいろな一次性の穿孔虫が寄生する。たとえば、コナラにはシロスジカミキリ、ヤマハンノキ・シラカンバにはゴマダラカミキリやハンノキカミキリ、ヤナギ科樹木にはクワカミキリなどをあげることができる。また、多種類の広葉樹の幹に穿孔するコウモリガという、広食性の蛾もいる。針葉樹ではみられない現象である。
　針葉樹の幹に傷をつけると、どろっとした樹脂が出てくる。これには揮発性のテルペンが含まれている。針葉樹独特の匂いのもとである。テルペンには殺菌・殺虫作用がある。カラマツ林のなかを歩くと、爽快な香りがする。テルペンの香りである。樹脂は、テルペンが揮発してしまうと、残りは白く固まる。これは樹脂酸で、傷口を封じてしまう。菌や虫に対する針葉樹の防衛法である。
　ところが広葉樹は、このような強力な樹脂をもたない。だから、さまざまな一次性の穿孔虫が侵入してくる。では、広葉樹は穿孔虫に対して無抵

図—83
シロスジカミキリの成虫

抗か，というと，必ずしもそうとはいえない。どだい，一次性穿孔虫に対して無策であれば，その樹種は生き残ることは不可能である。

広葉樹は，穿孔虫の侵入を受けると，カルスを形成して，傷を治癒していく。その部分の組織は，ひどく肥大するが，木は枯れることはない。一方，虫のほうはどうか。針葉樹であれば，虫はほとんど死んでしまうが，広葉樹の場合は，虫が死ぬことは少ない。もしかしたら，広葉樹の対虫戦略は，虫を殺すことではなく，虫に耐え，虫と共存していくことかもしれない。

虫を樹脂で封殺してしまう針葉樹に対しては，虫も，毒性の微生物をともなって，木をアタックしてくる。その結果，殺しあいの戦争となる。ところがふしぎなことに，虫を殺すというやり方をやめた広葉樹に対しては，虫側も，木を殺すのをやめ，共存策をとる方向に動いている。

広葉樹のほうが，進化した生きものなのである。

1 一次性穿孔虫の性格と木の反応

①陽樹の広葉樹に寄生。
②健全木に穿孔するが，殺すことはない。
③木はカルスを形成して傷を治癒する。
④材部の虫孔は修復できず，風倒の原因になる。

第2章　森の安全保障システム　　*135*

2　おもな種類

	種類	宿主植物
甲虫	①シロスジカミキリ	カシ，コナラ，クリ，ポプラ
	②ゴマダラカミキリ	シラカンバ，ヤマハンノキ
	③クワカミキリ	ポプラ，クワ，イチジク
	④ヤナギシリジロゾウ	ヤナギ，ポプラ
蛾	⑤コウモリガ	広葉樹全般
	⑥コスカシバ	サクラ

【コメント】
● 一次性穿孔虫クワカミキリの寄生状況は図―84のとおりである。栄養の多い樹皮下よりも，栄養の少ない材部を，もっぱら食べている。宿主植物に大きな負担をかけてはいけない，と考えているのだろうか。

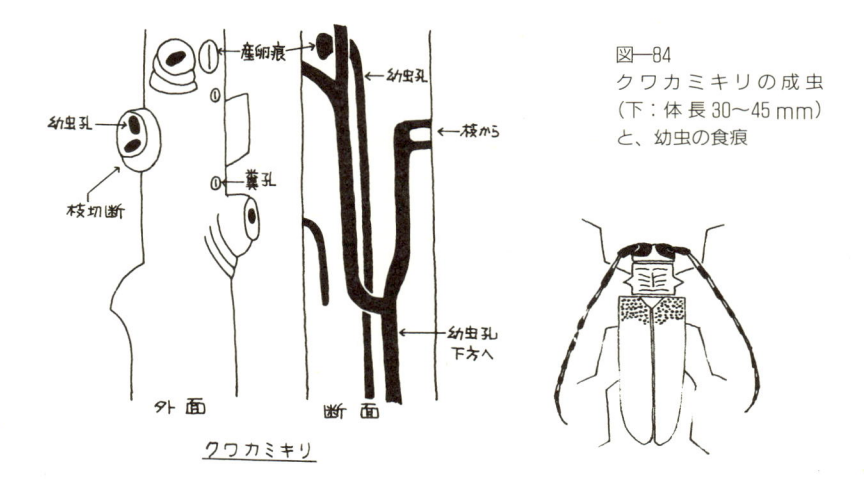

図―84
クワカミキリの成虫
（下：体長 30～45 mm）
と、幼虫の食痕

3　一次性穿孔虫の存在意義

二面性に着目する。

> ①生態系の観点：野鳥の餌
>   自然の広葉樹林（雑木林）のなかで，キツツキ類（アカゲラ，アオゲラ）の餌として貴重。
> ②林業的観点：大害虫
>   広葉樹を植林するときは，大害虫となる。
>   ポプラやヤマハンノキの造林が，穿孔虫のため，不成功に終わった経験がある。

図—85 ゴマダラカミキリの成虫、幼虫と食痕

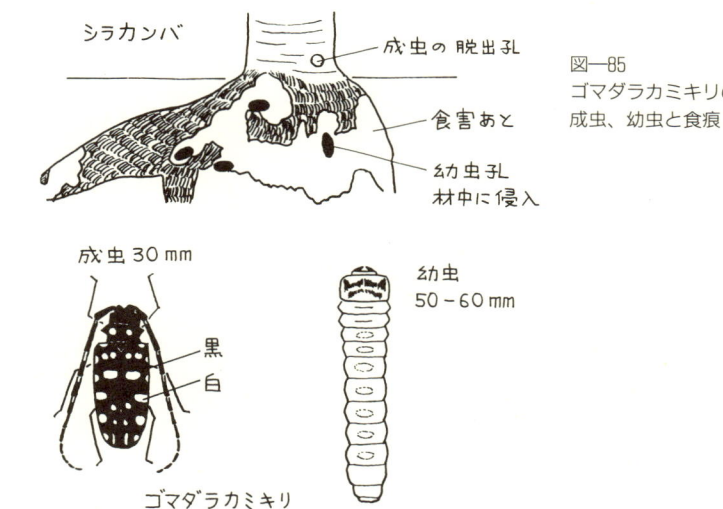

〔文献〕8, 29, 51

第3章
森の掃除屋　—生態系の分解者—

　生態系は，生産者，消費者，分解・還元者の三者と無機環境から構成される。生態学の教科書には，こう書いてあるが，考えてみれば，消費者と分解・還元者のちがいは，必ずしも明確ではない。

　光合成によって，無機物から有機物をつくる植物が生産者とすれば，有機物を無機物に分解してエネルギーをとり出す動物や菌類微生物は，すべて消費者であり，分解・還元者でもある。オダムは，菌類のような微小消費者は，有機物を無機物に分解・還元する働きがとくに大きいから，分解・還元者ともいう，と説明している。

　しかし，このような考え方では，消費者と分解・還元者に分ける意味がなくなってしまう。生態系を物質の循環とエネルギーの流れだけでとらえると，消費者の存在意義はあいまいになってしまう。

　そこで私は，生きた植物から栄養をとって生きている動物・微生物系列を消費者，死んだ植物・動物を分解して栄養をとって生きている動物・微生物系列を分解者として位置づけている。消費者は寄生的生活をしており，分解者の生活の仕方と異なる。両系列では，制御機構も異なるので，生態系における消費者と分解者のちがいは明確である。このことについては，第2章のまえがきで述べた。

　生態系のなかでもう一つ，消費者と分解・還元者を分けるきわだった存在がある。動物・昆虫などの消費者は，木材，とくにセルロースやリグニンが分解できない。セルロースとリグニンが分解できる生物こそ，本当の分解・還元者といえる。それは，きのこの仲間である。

森の動物・昆虫たちが，木材を餌として利用するとき，最終的にはカビ（キノコ）などの微生物の力を借りている。動物・昆虫たちが，木材消化に苦労している様子をみると，キノコなど微生物の存在意義がより明確になってくる。もし，キノコが存在しなければ，森は枯れ木の山になってしまうだろう。キノコは，まさに森の掃除屋なのである。

　枯れ木を食べるキクイムシやカミキリムシは，セルロースやリグニンを粉砕するだけである，だから分解者ではなく，粉砕者にすぎない，という見方もある。しかし，粉砕することによって，微生物の分解活動をやりやすくしていることをみれば，分解者系列の一員であり，大きくみれば分解者とみなしても，まちがいではないだろう。

　結局，セルロースとリグニンの分解こそ，分解者の存在を意味づけるキーワードといえる。生態系の理解には，キノコの知識が不可欠となる。本書は，森の動物・昆虫を解説するものではあるが，そのねらいは生態系の理解にある。そこで，森の分解者の代表である木材腐朽菌についても，少し触れておきたい。

　昭和60年，当時，東北大学農学部の学生だったH君に，卒論研究として，ブナの森の木材腐朽菌相をしらべてもらった。山歩きの好きな学生で，宮城県鳴子町にある大学林とその周辺のブナの森を歩きまわり，100種以上の硬菌・軟菌を記録した。

　枯れ木や倒木を分解するキノコは，性格的には穿材性のキクイムシやカミキリムシと同様，樹種を選ばず，多犯性を原則としているが，しかし，菌によっては，特定の樹種に結びつきのつよいものもある。

　多犯性の代表はカワラタケ，アラゲカワラタケの2種で，ワサビタケやスエヒロタケも，かなりの多犯性ぶりを発揮した。一方，特定の樹種との結びつきのつよい菌としては，ツヤウチワタケ（アカシデ），シュタケ（ヤマザクラ類），ヌメリツバタケモドキ（ブナ），ツリガネタケ（ブナ）

などがあげられる。

　木材腐朽菌は，もともとは死物寄生菌であるが，なかには生木に寄生する菌も存在する。これらは，特定樹種との結びつきが，いっそうつよくなる。たとえば，ハリタケ類は奥山のブナに発生するし，マイタケはミズナラの老木に発生する。

　特定の樹種に寄生するには，なんらかの方法で樹種を認知しなければならない。昆虫であれば，生木から発散する樹種特有の匂いに誘引されるのであるが，菌類は，どのような方法で寄生すべき樹種を認知するのであろうか。

〔文献〕9, 17, 31, 51, 52, 63, 69

枯木の分解者

　初夏のころ，ブナの森を歩いていて，新しい倒木に出会ったら，幹をしらべてみよう。キクイムシやナガキクイムシの仲間が，幹に穿孔して，盛んに木屑を排出しているのが見つかるだろう。

　ブナの材は，白くて美しい肌をしているが，丸太にして土場に積んでおくと，すぐキクイムシがやってきて，材に穴をあけ，その傷口からカビ菌が侵入して，材を変色・腐敗させてしまう。

　むかし，伐採・搬出の技術がまだ進歩していなかったころ，ブナ材は，市場に出る前に，キクイムシの寄生を受けて変色し，商品価値を失ってしまった。営林署は，奥山のブナの利用をあきらめた。最近まで，奥山にブナの原生林がよく残っていたのは，このような理由による。ブナの原生林を守ってきたのは，森の小さな分解者キクイムシと変色菌のコンビだったといえる。

　ところがいまや，林道は山奥まで延び，チェーンソーはブナの大木をあっという間に伐り倒し，谷の上に張りめぐらされたワイヤーは，大きな丸太をやすやすと山から下ろしてくる。ブナ材は，白いきれいな肌をして，市場に現われる。木工技術もいちじるしく進歩して，ブナ材は，合板や曲げ木家具用に，ひっぱりだこの売れっ子となった。

　近代技術がブナの分解者に勝った。そして，山は荒れていく。

1　木材の構造　それを分解する生物

木材は鉄筋コンクリート構造になっていることに着目する。
一般動物は分解できない。つまり餌として消化できない。

木材の構造
① セルロース,ヘミセルロース,リグニンからなる。各割合は約30％ずつ
② セルロースは鉄筋,リグニンは砂,ヘミセルロースは接着剤(セメント)

木材の分解者
① これらの3成分を分解できるのは,バクテリア,カビなどの微生物。とくにリグニンは強固で,分解できるのは,担子類のキノコだけ。
② 動物は,上記3成分は,原則として消化(分解)できない。ただ,ウシ・シカなどの反芻動物は,胃のなかに微生物を飼うことによって,セルロースを消化している。

2 食材昆虫の栄養のとり方 (図—86)

> 微生物の助けを借りる。
> 木材を分解するカビ(胞子)を食べる。

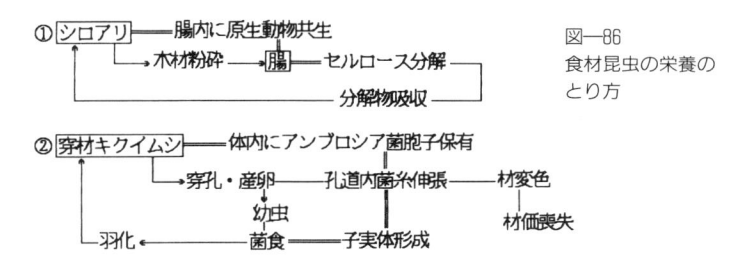

```
① シロアリ ──── 腸内に原生動物共生
         └→ 木材粉砕 → 腸 ─ セルロース分解 ─┐
                         └─ 分解物吸収 ──────┘

② 穿材キクイムシ ── 体内にアンブロシア菌胞子保有
            └→ 穿孔・産卵   孔道内菌糸伸張 ── 材変色
                   ↓                      材価喪失
                  幼虫
             └ 羽化 ← 菌食 ── 子実体形成
```

図—86
食材昆虫の栄養のとり方

シロアリ
①腸内に原生動物をすまわせ，木材のセルロースを分解してもらう。
②分解物を吸収して，栄養をとる。
　（注）カミキリムシも，シロアリと同じやり方

材穿孔キクイムシ
①成虫は体内に菌囊をもち，そのなかにカビの胞子を保有。
②成虫は材中に孔道を掘り，産卵する。
③孔道内でカビの胞子がキクイムシより脱出，発芽。木材を分解して成長，やがて子実体を形成する。
④卵から孵化したキクイムシの幼虫はカビの子実体を食べて成長。成虫になって脱出するとき，体内の菌囊にカビの胞子を入れていく。

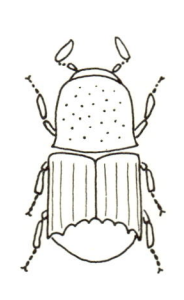

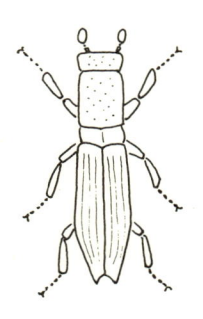

図—87
ブナに穿孔するキクイムシ2種　左：ミカドキクイ（体長4mm）　右：シナノナガキクイ（体長5mm）

【コメント】
●アンブロシア・ビートル
材穿孔キクイムシは，アンブロシア・ビートルとも呼ばれる。孔道のなかでアンブロシア菌を栽培するからである。この菌は分類学的な名称ではなく，材穿孔キクイムシと共生関係をもつ菌類の総称である。
●材穿孔キクイムシのおもな種類は，表—8のとおり。

表—8　材穿孔キクイムシ類のおもな種と寄生樹種

	種類	広葉樹	針葉樹
ナガキクイムシ科	ヤチダモノナガキクイ	●	
	ヨシブエナガキクイ	●	
	カシノナガキクイ	◎	
	シナノナガキクイ	◎	
キクイムシ科	ハンノキキクイ	●	●
	クスノオオキクイ	◎	
	サクセスキクイ	●	●
	ミカドキクイ	●	

　新鮮な倒木には，さまざまなキクイムシが穿孔する。しかし，成虫は孔のなかにいて，尾端は見えるが，全容は見えない。材中のキクイムシを捕るには，のみ・げんのうという大工道具が必要。

●東北の森にみられるおもなカミキリ類

　カミキリムシは，枯れ木を分解する代表的な昆虫群であるが，東北の森には，どんなカミキリが生息しているのか，昆虫図鑑からおもな種を拾ってみた。結果は表—9のとおり。また，生木に寄生するカミキリの種も拾ってみた（表—10）。

　種類数は，生木に寄生する種にくらべると，枯れ木を食べる種のほうが，圧倒的に多い。カミキリは，もともと枯れ木分解者群で，そのなかのごく一部が，生木に寄生するようになった，と考えられる。

　枯れ木分解カミキリは，幼虫はすべて食材性であるが，成虫の食べものは，木の花であったり，生木の葉や樹皮であったり，さまざまである。カミキリムシは森のなかでもよくみられるので，教材として，おおいに利用したい。

144 枯木の分解者

表—9 枯木に穿孔するカミキリの餌植物

カミキリムシ	成虫の餌植物		幼虫の餌植物	習性
ウスバ		枯木	針・広	
ノコギリ		同上	針・広	
コバネ		同上	カンバ、ナラ、ブナ	
ホソ		同上	針・広	
カラカネハナ	樹花ノリウツギ、シシウド	枯木	広	昼行性
アカハナ	樹花ノリウツギ	同上	広・針	昼行性
マルガタハナ	樹花ノリウツギ、シシウド	同上	トチノキ	昼行性
ヤツボシハナ	樹花シシウド	同上	クヌギ、コナラ、タラ	昼行性
ヨツスジハナ	樹花ノリウツギ、リョウブ	同上	マツ、スギ	昼行性
フタスジハナ	樹花ノリウツギ、シシウド	同上	モミ、ツガ	昼行性
オオホソコバネ	樹花ミズキ	同上	ブナ、ダケカンバ	昼行性
クロホソコバネ		同上	ブナ、ダケカンバ	昼行性
クロ		同上	マツ、モミ、カラマツ、スギ	夕方飛翔
オオクロ		同上	針	夕方飛翔
ルリボシ	樹花リョウブ	同上	ナラ、ブナ、カエデ、クルミ	昼行性
ミドリ	樹花ノリウツギ、ガマズミ	同上	針・広	昼行性
オオアオ	樹花ノリウツギ	同上	サワグルミ	昼行性
ムネマダラトラ	樹花カエデ	同上	クワ、ハンノキ、キリ	昼行性
キスジトラ	樹花	同上	カバ、クルミ、ケヤキ	昼行性
ホソトラ	樹花ノリウツギ	同上	ブナ、ナラ	昼行性
シロトラ	樹花ノリウツギ、クリ	同上	ハンノキ	昼行性
ゴマフ		同上	広	夜行性
アトジロサビ		同上	ブナ、ミズキ、ハリギリ	
コブヤハズ		同上	ブナ、ナラ、クリ	
マツノマダラ	樹皮マツ	同上	マツ	
センノ	樹皮センノキ、タラノキ	同上	センノキ、タラノキ	
キモン	樹葉サワグルミ	同上	サワグルミ	
ハンノアオ	樹葉オヒョウ、シナノキ	同上	ハンノキ、ケヤキ	
シラホシ	樹葉サルナシ、ノブドウ	同上	クルミ	
ヨツキボシ	樹葉ヌルデ	同上	ヌルデ	

表—10　生木寄生カミキリの餌植物

カミキリ	餌植物
1. ミヤマカミキリ	ナラ類、クリ
2. アオカミキリ	カエデ科
3. スギカミキリ	スギ
4. トラフカミキリ	ヤマグワ
5. ゴマダラカミキリ	カバノキ科
6. イタヤカミキリ	ヤナギ科、カエデ科
7. シロスジカミキリ	ヤナギ科、ブナ科
8. クワカミキリ	ヤナギ科、クワ科
9. ハンノキカミキリ	ハンノキ類

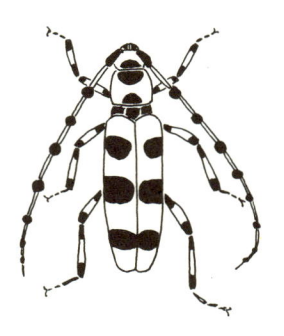

図—88
枯木分解者　ルリボシカミキリ（体長 15〜30 mm）

3　雑木林にはキツツキが多いのは，なぜ？

穿孔虫（キクイムシ・カミキリムシ・ゾウムシなど）が多いことに着目する。

①雑木林は，切株から5，6本，萌芽することによって，形成される。
②萌芽は，成長して幹になるが，途中，混みだして枯れ，最終的には1，2本になる。

> ③枯れた幹には，さまざまな穿孔虫が寄生する。
> ④穿孔虫の幼虫が豊富に存在し，キツツキに餌を提供する。

4　キツツキが留鳥になったのは，なぜ？

野鳥の多くは，冬，南方へ移動するのに，キツツキは留鳥として，冬でも，同じ森林に生息している。なぜ？
冬でも，餌があることに着目する。

> ①キツツキの主食は穿孔虫の幼虫・蛹とアリ類。
> ②穿孔虫の幼虫は，冬でも，材中に生存している。
> ③アリ類は，幹の洞に冬でも巣くっている。
> ④木の葉につく蛾の幼虫などを主食にしている野鳥は，冬，餌昆虫がいなくなるので，餌を求めて，南へ移動する。

〔文献〕8, 26, 29, 31, 51, 52

落葉・落枝の分解者

　ヒノキやマツなど針葉樹の葉は，樹脂を多量に含んでいるため，落ち葉になってもなかなか分解しない。それにくらべると，広葉樹の葉はよく分解するが，分解速度は樹種によって一様ではない。私の観察では，ヤマザクラやカエデ類の葉は分解が速くて，すぐ形が崩れてしまうが，ナラやブナの葉はいつまでも形が崩れない。ヤマザクラやカエデ類の分解が速いのは，落ち葉に糖分や芳香が残っていて，ミミズやトビムシに好かれるからだ，と私はみている。この嗜好感覚は，哺乳動物と共通している。こんな現象をみると，地球上の動物は，みんな同じ遺伝子をもって進化している兄弟だ，としみじみ思う。

1　土壌中に生息する昆虫・動物

土壌中の小動物は，足の数によって，種類が分けられる。

　①0対：線虫類，ミミズ類，一部の昆虫類
　②3対：昆虫類
　③4対：ダニ類，クモ類
　④7対：ダンゴムシ類
　⑤多数：多足類（ヤスデ，ムカデ）

2　土壌動物（昆虫も含む）の食性

落葉・落枝の分解者とは限らない。

148 落葉・落枝の分解者

①落葉・落枝の分解者：ミミズ，線虫，トビムシ，ササラダニ，ダンゴムシ，ヤスデ
②生きた植物の根食者：根切り虫（コガネムシやヒョウタンゾウムシの幼虫）セミの幼虫
③肉食者　　　　　　：クモ，ダニ，アリ
④一時的滞在者　　　：有翅昆虫，ハエの幼虫・蛹，蛾の幼虫・蛹

3　土壌動物（落葉分解者）の栄養のとり方

最終的には菌類の世話になる（図―89）

> ①ミミズ・線虫は，口から消化液を出して，落葉を溶かす。昆虫類は落葉を粉砕する。
> ②落葉の 10〜20％を栄養として吸収し，90〜80％を糞として排泄（セルロース，リグニンは消化できない）。
> ③糞は土中のカビ・バクテリアが分解。
> ④糞かすに形成された菌糸や子実体を，土壌動物が餌として食べる（窒素栄養源）。

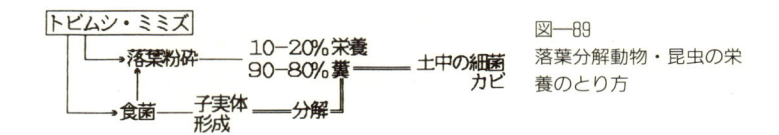

図―89　落葉分解動物・昆虫の栄養のとり方

【コメント】
●土壌動物の数
1 m²の落葉層に，線虫 64 万，ダニ 5 万，トビムシ 5 万，コムカデ 180，ミミズ 3 の頭数が生存（志賀高原オオシラビソの森）。

●ブナの落ち葉の分解はゆっくり進行する

ブナの落ち葉は，一年ぐらいたっても，まだしっかりしている。そして秋になれば，その上に新しい落ち葉が積もる。そうなると，落葉層内に湿り気がでてきて，ようやく，さまざまな落葉分解菌の活動がはじまる。

最初はペニシリウム，トリコデルマ，といったカビがセルロースを分解する。ついで，モリノカレハタケ，アカチシオタケ，といった，かわいいきのこが現われ，リグニンを分解する。

そして，これらの菌の活躍で落ち葉が軟らかくなれば，ミミズやダニやトビムシなどの土壌動物の活動が活発になって，落ち葉を粉砕していく。かくして，ブナの落ち葉は，ゆっくりした速度で分解されていき，深く，スポンジのような多孔質の土壌が形成されていく。

4　日本の森林帯と土壌動物相（表—11）

人がきらうゴキブリやシロアリも，もともとは土壌動物。

表—11　日本の森林帯と，主役を果たす土壌動物

	亜寒帯 針葉樹林	冷温帯 落葉広葉樹林	暖温帯 常緑広葉樹林	亜熱帯 常緑広葉樹林
ヒメミミズ	●			
線虫	●	●		
トビムシ	●	●	●	
ダニ	●	●	●	●
ミミズ		●	●	
ワラジムシ			●	
ゴキブリ			●	●
シロアリ				●

〔文献〕35

糞虫　牧場の掃除屋

　ファーブル昆虫記のなかに，ヒジリタマオシコガネ（聖玉押し黄金）の話が出てくる。この虫は，動物の糞を玉のようにまるめて，逆様になって後脚で押して歩く。古代エジプト人は，この玉を太陽とみなし，この虫を太陽神ケペラの化身と考えた。スカラベ・サクレという学名は，神聖な甲虫という意味で，古代エジプト人の信仰から名づけられたものである。もちろん正しくは，この虫は糞玉のなかに卵を産みこみ，幼虫は糞を食べて成長するのであるが，ファーブルのころは，だれもそんな事実を知らない。ファーブルは長い年月をかけて，この虫の生活史を解明していくのである。彼が住んでいた南フランスは，ヒツジの放牧が盛んに行なわれていて，その糞にいろいろな糞虫が集まったようだ。

　このタマオシコガネは，残念ながら日本には生息しないが，日本の糞虫にも，形や色のおもしろいものがいる。ダイコクコガネは，形こそカブトムシより小さいが，先のとがった堂々たる角をもっている。ゴホンダイコクは，ダイコクコガネよりさらに小さいが，なんと5本も角をもっている。

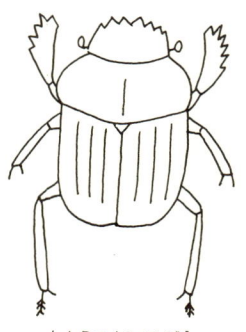

図―90
糞虫のいろいろ

オオタマオシコガネ
ヨーロッパ，25mm

ゴホンダイコク
10-15mm

ツノコガネ
7-11mm

ツノコガネという種は，湾曲する，細くて長いスマートな角を1本もっている。また，センチコガネのように，金属的な光沢をもつものもいる。これら，動物の糞に集まる甲虫は糞虫と呼ばれ，昆虫少年のあこがれの的になっている。

1　糞虫の食性

どんな動物の糞を好むかによって，糞虫の食性をタイプ分けできる。

①単食型：草食動物の糞
　　ダイコクコガネ，ツノコガネ，オオマグソコガネ
②中間型：草食動物と雑食動物の糞
　　ゴホンダイコクコガネ，マエカドコエンマコガネ
③広食型：草食・雑食・肉食動物の糞と腐肉
　　マルエンマコガネ，クロマルエンマコガネ。センチコガネ

【コメント】
●馬糞の栄養構成
①水溶性有機物　　4.45％
②セルロース　　　30.89％
③ヘミセルロース　22.55％
④リグニン　　　　20.46％
●ウシの糞はウマの糞にくらべると，ベタベタしている。水溶性有機物の量が多い。シカ・カモシカ・野ウサギの糞は丸く，乾燥している。馬糞よりも，セルロースが多い。
●ヒト・サル・クマは雑食性だから，植物性栄養と動物性栄養の両方をとる。セルロース，リグニンは消化できず，排泄。糞は，植物繊維と動物性栄養の残

152　糞虫　牧場の掃除屋

りかす。
●キツネ・犬は肉食性。糞は，動物性栄養の残りかす。

2　草原の糞虫，森の糞虫

図—91は，人工草地，自然草地，森林（ブナの自然林）における糞虫の種類と生息数をしらべたもの。

①草原派
　a：人工草地にも，自然草地にも多い（人工派）
　　　コマグソコガネ
　b：人工草地に少なく，自然草地に多い（自然派）
　　　オオマグソコガネ，ツノコガネ
②どこでも派（適応派）
　人工草地，自然草地，森林の，いずれにも多い
　　　マエカドコエンマコガネ

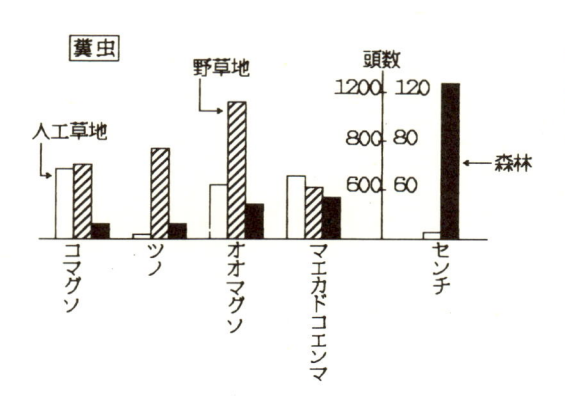

図—91
糞虫はどんな植生を好むか（遊佐・西口 1989より）

③森林派
　森林にのみ多い
　　　センチコガネ，オオセンチコガネ

3　森の糞虫・センチコガネは，なぜ広食性になったか

①森林には，草原にくらべると，生息できる哺乳動物の数は少ない。
②したがって，草食動物の糞にだけ頼るわけにはいかない。
③腐肉も食べるようになった。

4　シカ糞を掃除する糞虫

　図—92は，奈良公園におけるシカ糞の消失率を示したもの，糞虫の活躍ぶりがわかる。

①糞虫の掃除力
　シカ糞の7～8割が，糞虫によって，かたづけられる。
②掃除に活躍する種類
　ナガスネエンマ，カドマルエンマ，クロマルエンマなどのエンマコガネ類。

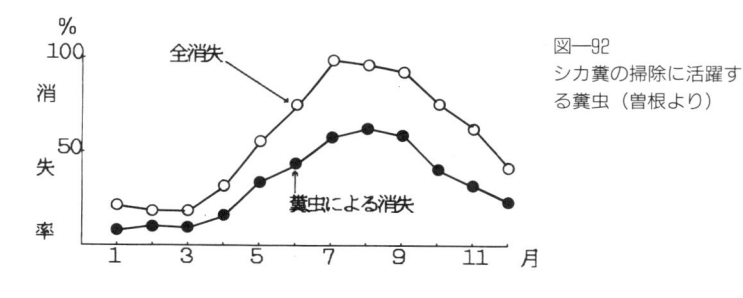

図—92　シカ糞の掃除に活躍する糞虫（曽根より）

154 糞虫　牧場の掃除屋

ゴホンダイコク，ルリセンチ（オオセンチの亜種）。

【コメント】
●糞の処理法（図—93）

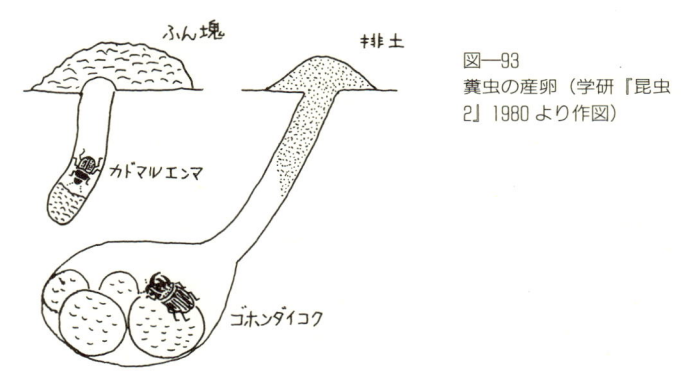

図—93
糞虫の産卵（学研『昆虫 2』1980 より作図）

① ゴホンダイコクコガネ
　糞のそばに，深さ 6〜8 cm の地下室をつくり，糞玉を数個入れて産卵，幼虫の餌とする。
② カドマルエンマコガネ
　糞塊の下に地下道を掘り，糞を詰めこんで産卵，幼虫の餌とする。

〔文献〕16，18，52，54，57，64，73，86

【参考文献】

1 藍野祐久・伊藤一雄：原色病害虫図鑑・樹木篇，北隆館，昭33
2 伊沢紘生：ニホンザルの生態，どうぶつ社，昭57
3 五十嵐正俊：ブナアオシャチホコの生態，日本林学会東北支部会誌35，昭57
4 池田浩一：メジロによる越冬期のチャミノガとオオミノガの捕食について，森林防疫37，昭63
5 石田 健・立花観二：カラマツハラアカハバチ幼虫に対する鳥類の捕食活動の増大，日本林学会誌68，昭61
6 一戸良行：毒草の雑学，研成社，昭55
7 同　　　：毒草の歳時記，研成社，昭63
8 井上元則：林業害虫防除論（中巻），地球出版，昭28
9 今関六也：森の生命学，冬樹社，昭63
10 伊藤嘉昭（編）：アメリカシロヒトリ，中公新書，昭47
11 エルトン・C・S（川那部浩哉監訳）：動物群集の様式，思索社，平2
12 太田 威：ブナの森は緑のダム，あかね書房，昭63
13 大津正英：トウホクノウサギの生態と防除に関する研究，山形県林業試験場研究報告5，昭49
14 大野 俊・小島正美：動物たちはいま，日本評論社，昭60
15 奥田清貴：スギカミキリ幼虫の加害とスギの状態，森林防疫32，昭57
16 奥本大三郎：虫の春秋，ちくま文庫，昭64
17 オダム・E・P（水野寿彦訳）：生態学，築地書館，昭42
18 学習研究社（編）：学習科学図鑑・昆虫2，昭55
19 片桐一正・槇原 寛：森の昆虫，学習研究社，昭61
20 加藤多喜雄・加藤陸奥雄（監）：ふるさと宮城の自然，宝文堂，昭63

21　河合省三：日本原色カイガラムシ図鑑，全国農村教育協会，昭55
22　岸　洋一：マツ材線虫病－松くい虫－精説，トーマス・カンパニー，昭63
23　北原正宣：ネズミ，自由国民社，昭61
24　桐谷圭治・志賀正和（編）：天敵の生態学，東海大学出版会，平2
25　倉永善太郎：マツカレハの個体数変動，日本林学会誌57，昭50
26　小島圭三・林　匡夫：原色日本昆虫生態図鑑Ⅰカミキリ編，保育社，昭44
27　小林富士雄：スギ・ヒノキの穿孔性害虫，全国林業改良普及協会，昭61
28　　同　　・滝沢幸雄（編著）：緑化木・林木の害虫，養賢堂，平3
29　　同　　・竹谷昭彦（編著）：森林昆虫，養賢堂，平6
30　小林義雄：樹の実　草の実，山渓カラーガイド，昭50
31　相良直彦：きのこと動物，築地書館，平1
32　佐藤平典：東北地方におけるハバチ類の繭を捕食する小哺乳類及びその役割，岩手県林業試験場研究報告2，昭53
33　　同　　・他：岩手県南部でのマツカレハの発生，同2，昭53
34　　同　　：マツノミドリハバチの生態に関する研究，同4，昭56
35　柴田敏隆：自然—生物のくらし，小学館学習百科図鑑，昭52
36　清水建美(監)：四季の高原，地人書館，昭和54
37　宗林正人：日本のアブラムシ，ニュー・サイエンス社，昭58
38　高槻成紀：北に生きるシカたち，どうぶつ社，平4
39　高橋喜平：ノウサギの生態，法政大学出版局，昭33
40　　同　　：ツキノワグマ物語，筑摩書房，昭49
41　滝沢幸雄・他：秋田県におけるマツバノタマバエの生態（Ⅰ）林況および林床の状態と成虫発生の関係，日本林学会東北支部会誌38，昭61
42　立花観二・西口親雄：森林衛生学，地球出版，昭43
43　　同　　・片桐一正：森林昆虫学，地球社，平5
44　　同　　・西口親雄：木曽地方におけるカラマツハラアカハバチの漸増大発生の経過と終息要因，日本林学会誌66，昭59

45	玉手英夫：クマに会ったらどうするか，岩波新書，昭 62	
46	中臣謙太郎：樹と生きる虫たち，誠文堂新光社，平 5	
47	中山周平：野山の昆虫，小学館，昭 53	
48	難波恒雄・御影雅幸：毒のある植物，保育社カラーブックス，昭 58	
49	西口親雄：マツ苗にたいするマツキボシゾウムシの寄生力に関する研究，北海道林業試験場報告 6，昭 43	
50	同　　：森林への招待，八坂書房，昭 57	
51	同　　：森林保護から生態系保護へ，思索社，平 1	
52	同　　：アマチュア森林学のすすめ，八坂書房，平 5	
53	同　　：木と森の山旅，八坂書房，平 6	
54	日本林業技術協会（編）：森の虫の 100 不思議，平 3	
55	野淵　輝：スギ・ヒノキ穿孔性害虫の生態と加害（I）スギカミキリ，森林防疫 37，昭 63	
56	萩原幸弘・小河誠司：九州におけるスギのはちかみ発生事例とその分布特性，森林防疫 19，昭 45	
57	長谷川仁（編）：昆虫とつき合う本，誠文堂新光社，昭 62	
58	羽田健三（監）：ニホンカモシカの生活，築地書館，昭 60	
59	埴　沙萠：ドングリ，あかね書房，昭 62	
60	浜　昇：追われゆくカモシカたち，筑摩書房，昭 52	
61	原　荘悟：野猿物語ただいま入浴中　信濃路，昭 46	
62	平田貞雄：青森県の動物たち，東奥日報社，昭 60	
63	平野千里：昆虫と寄主植物，共立出版，昭 46	
64	ファーブル・H（大岡信訳）：昆虫記（上・下），河出書房新社，平 4	
65	深谷昌次・桐谷圭治（編）：総合防除，講談社，昭和 48	
66	藤岡　浩：秋田県におけるマツバノタマバエの生態（II）マツバノタマバエとその寄生蜂の羽化経過，日本林学会東北支部会誌 38，昭 61	
67	藤岡隆郎：スギ・ヒノキ穿孔性害虫の生態と加害（V）被害の発生条件と	

保育的対応, 森林防疫 38, 平 1
68 古田公人：森林を守る, 培風館, 昭 59
69 古前 恒・林 七雄：身近な生物間の化学的交渉—化学生態学入門—, 三共出版, 昭 60
70 マクドナルド, D. W. （編）：動物大百科 4 大型草食獣, 平凡社, 昭 61
71 同　　　　　　　　　：同　　　5 小型草食獣, 同　, 昭 61
72 増井光子：日本の動物, 小学館, 昭和 51
73 益本仁雄：フン虫の採集と観察, ニュー・サイエンス社, 昭 48
74 松枯れ問題研究会（編）：松が枯れてゆく, 山と渓谷社, 昭 56
75 松下真幸：森林害虫学, 冨山房, 昭 18
76 松山利夫：木の実, 法政大学出版局, 昭 57
77 箕口秀夫：ブナ種子豊作後 2 年間の野ネズミ群集の動態, 日林誌 70, 昭 63
78 宮崎 学：ニホンカモシカ, あかね書房, 昭 50
79 村井 宏・他(編)：ブナ林の自然環境と保全, ソフトサイエンス社, 平 3
80 森津孫四郎：日本原色アブラムシ図鑑, 全国農村教育協会, 昭 53
81 森本 桂：森林の害虫, ニュー・サイエンス社, 昭 54
82 安間繁樹：アニマル・ウォッチング, 晶文社, 昭 60
83 山口博昭・他：原色北海道森林病害虫図鑑, 北海道造林技術センター, 昭 51
84 山家敏雄・五十嵐正俊：ブナ林に大発生したブナアオシャチホコとサナギタケについて, 森林防疫 32, 昭和 58
85 由井正敏：森の野鳥, 学習研究社, 昭 61
86 遊佐文博・西口親雄：川渡農場（東北大学）におけるフン虫の季節的消長, 川渡農場報告（東北大学）5, 平 1
87 米田一彦：野生のカモシカ, 無明舎出版, 昭 51
88 読売新聞環境問題取材班（編）：緑と人間, 築地書館, 昭 50
89 渡辺弘之：森の動物学, 講談社ブルーバックス, 昭 58

あとがき

　本書には図を多用した．図のデータは，さまざまな著書・論文からいただいた。しかし科学論文はふつう，専門家の批判に耐えるよう，それぞれに工夫して作図・作表されている。そのためかえって，一般の方々にはわかりにくい表現となる。そこでこの本では，ほとんどの図表が，原著の意図とは無関係に，私のアイデアで改変したり，新しく作図したりしてある。だから図表の責任はすべて私にある。そんなことを考慮して，文献リストには原著論文名をあげてないものもある。

　いずれにしてもこの本は，森林動物・昆虫学の文献を網羅するものではないし，最新の研究成果の紹介を意図したものでもない。この分野の詳しい研究成果を知りたい方は，最近（平成6年）出版された小林富士雄・竹谷昭彦（編著）『森林昆虫』養賢堂，をしらべてください。本書はまた，哺乳動物の形態・生態の解説を目的としたものでもない。詳しく知りたい方は，最近，一般向けのよい図鑑がたくさん出版されているので，そちらを参考にしてください。

　一般向けの動物の本でも，哺乳動物の名を亜種名で表示しているものが多い（たとえばキタキツネ，エゾアカネズミなど）。しかし，森の生態系を理解することを目的にしている本書では，種は，細かく区別するよりも，むしろ統一的にみるのが正しい見方と考え，なるべく亜種名は使わず，できるだけ種名で統一している。

　植物名もそうだが，分類の専門家は，やたらに細分化したがる傾向がある。一般の読者は，和名だけ聞いたのでは，種なのか，亜種なのか，変種なのか，わからないものが多い。生物の社会を正しく理解するためには，種の世界を正しく理解することがもっとも重要なことである。種名も，亜種名も，変種名も，ごっちゃに出てくるのは，迷惑なことである。学名の

場合は，二命名法だから，一目で種であることがわかり，変種あるいは亜種であれば，それを示すもの（var. or subsp.）がつく。和名の場合も，それがわかるような工夫ができないものだろうか。

　本書には，資料編として，森林昆虫と庭園昆虫の，さまざまな種の写真とスケッチを付けた。スケッチはいずれも，私自身が全国の公園や森を旅したときに集めた標本にもとづく。参考にしていただければ幸いである。
　スケッチは，虫の知識を確実なものにするのに，きわめて有効である。森林インストラクターをめざす方々には，ぜひおすすめしたい。森や公園を歩いて，おもしろそうな材料をみつけたら，採集して，家にもち帰ってスケッチすることを。しかし私たちは，なにも昆虫分類学の専門家ではないから，必ずしも正確なスケッチでなくてもよい。自分の流儀でスケッチすればよいと思う。ふだんから，そんなスケッチを蓄積しておけば，一般の方々を森や公園にガイドするとき，きっと役に立つ。本からの知識は，なかなか使いこなせないものだが，自分が経験したことは，すぐに話の材料になる。
　現場の写真を撮っておくのも必要なことである。写真はスライドにして蓄積しておく。そして，森の話をする機会があれば，テーマをしぼって話をする。そのとき，蓄積してあるスライドを組み合わせて，シナリオをつくる。最初からすばらしいシナリオはできないが，話の回数が増え，新しいスライドを入れ替えたりしているうちに，だんだんとおもしろいシナリオができていく。自分のシナリオをもつことが，インストラクターとしての成長の秘訣である。
　定年を迎えて数年，自分の好きなことに自分の時間を費やしているが，ふしぎなことに，いろいろアイデアが湧いてくる。それをそれらしい形に具体化してくださるのが編集の専門家，いつも感心している。今回も，八坂書房の森　弦一さんと中居恵子さんのお骨折りに負うところが大。多謝。

資　料　篇

1　食葉昆虫
2　食葉昆虫（葉巻型）
3　食葉昆虫（潜葉型）
4　新梢・球果昆虫（しんくい虫）
5　食根昆虫（根切り虫）
6　吸汁昆虫
7　虫こぶ昆虫
8　穿孔虫
9　森の昆虫・動物の社会

1　食葉昆虫

食葉性蛾類の幼虫

ムクゲエダシャク
広葉樹

チャバネフユエダシャク
広葉樹

モンシロドクガ
広葉樹

資料篇　*163*

食葉性蛾類の幼虫

リンゴドクガ
広葉樹

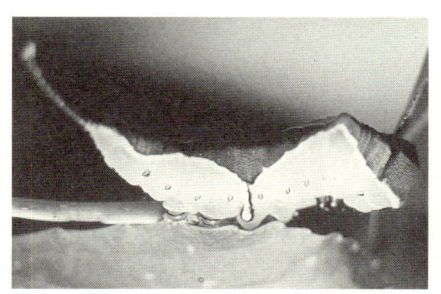

オオモクメシャチホコ　ポプラ

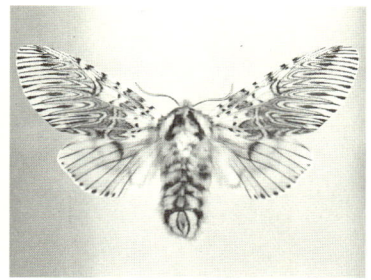

オオモクメチャチホコの成虫

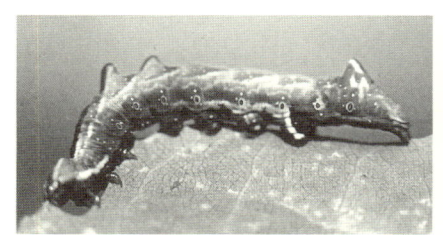

トビマダラシャチホコ　ポプラ

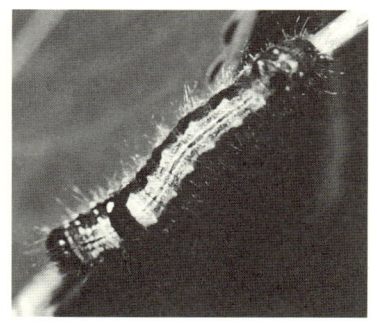

ツマアカシャチホコ　ポプラ

164 食葉昆虫

食葉性蛾類の幼虫

セグロシャチホコ
ポプラ

クロスズメ
マツ

ハンノケンモン
広葉樹

ハバチの幼虫

ポプラハバチ　ポプラ

マエキオエダシャクの幼虫と成虫，
幼虫の天敵セグロアシナガバチ，
キイロハリバエ

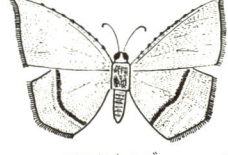

イヌツゲの葉を餌とし
ときに大発生する

マエキオエダシャク　開張15mm

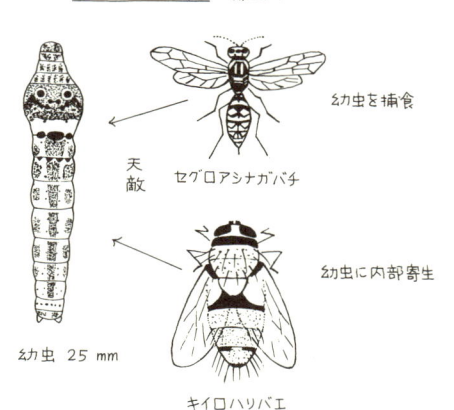

天敵　セグロアシナガバチ　幼虫を捕食

幼虫 25mm

キイロハリバエ　幼虫に内部寄生

166　食葉昆虫

ハンノキハムシ

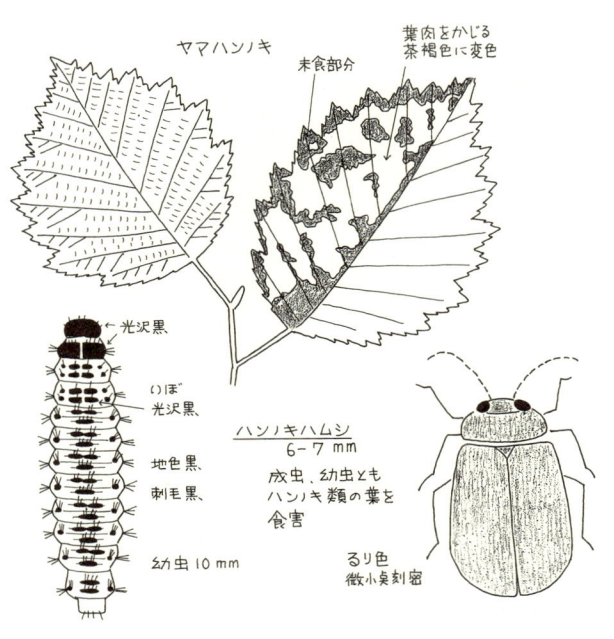

ヤマハンノキ

葉肉をかじる
茶褐色に変色

未食部分

光沢黒

いぼ
光沢黒

地色黒

刺毛黒

幼虫 10 mm

ハンノキハムシ
6-7 mm
成虫、幼虫とも
ハンノキ類の葉を
食害

るり色
微小臭刻密

2 食葉昆虫（葉巻型）

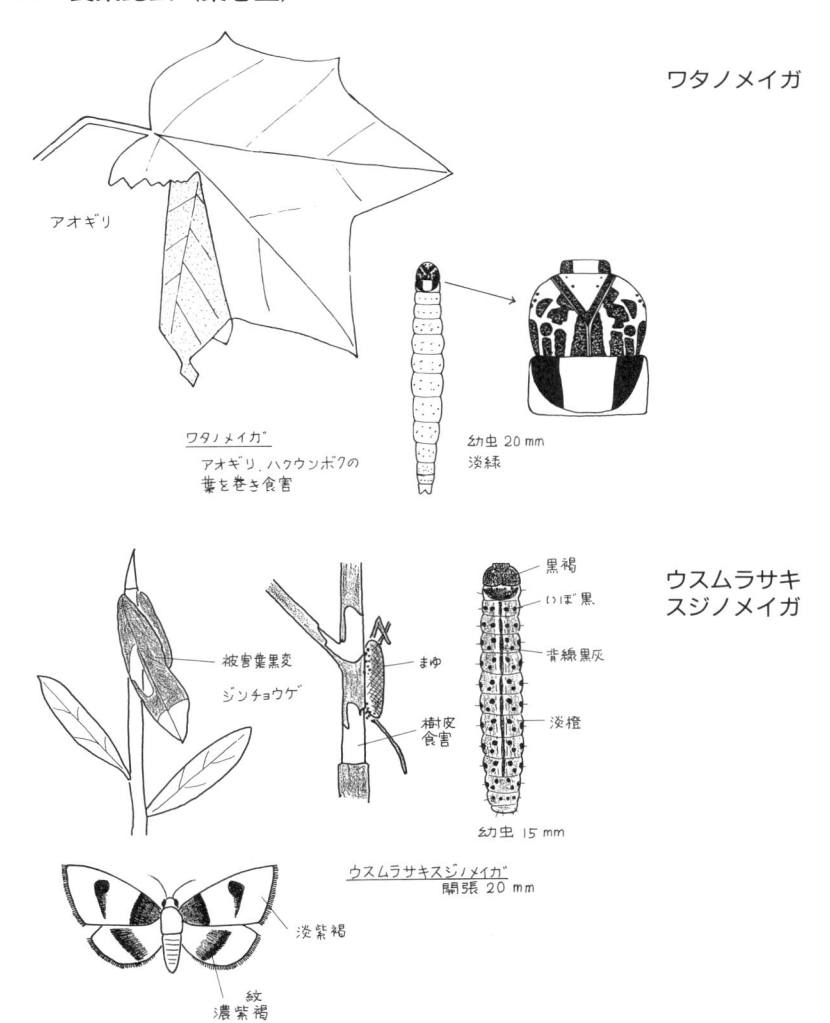

ワタノメイガ

アオギリ

ワタノメイガ
アオギリ、ハクウンボクの葉を巻き食害

幼虫 20mm
淡緑

ウスムラサキスジノメイガ

被害葉黒変
ジンチョウゲ
まゆ
樹皮食害

黒褐
いぼ黒
背線黒灰
淡橙

幼虫 15mm

ウスムラサキスジノメイガ
開張 20mm

淡紫褐
紋 濃紫褐

168   食葉昆虫（葉巻型）

ホソヨスジノメイガ

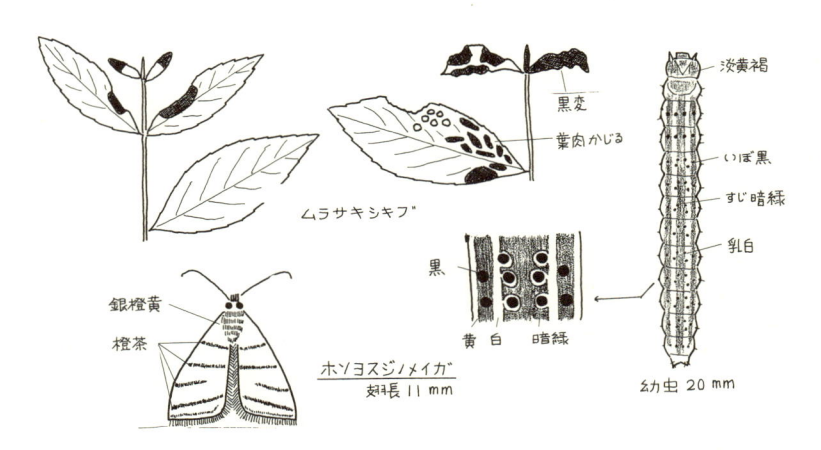

ムラサキシキブ

黒変
葉肉かじる

銀橙黄
橙茶

ホソヨスジノメイガ
翅長 11 mm

黒
黄白　暗緑

淡黄褐
いぼ黒
すじ暗緑
乳白

幼虫 20 mm

モモノゴマダラメイガ

ヒマラヤスギ

モモノゴマダラメイガ
開張 25 mm

中に生息

幼虫
淡黄赤
20mm
いぼ黒

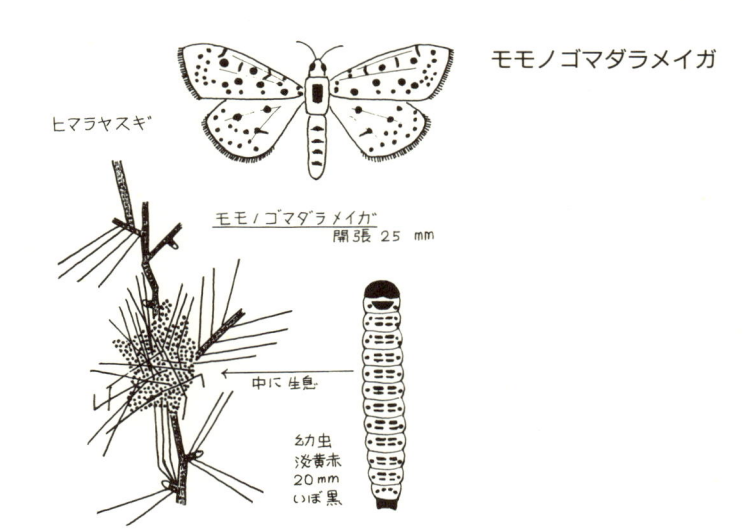

資料篇　169

クロネハイイロハマキ

モチノキ

イヌツゲ

ウメモドキ

黒褐
暗灰緑

クロネハイイロハマキ　幼虫 10mm
広葉樹の葉をつづって食害
広食性

ホソバコスガ

コマユミ

中に幼虫群生

ふん

いぼ
黒
体色
黄緑〜黄褐

幼虫 13mm

ホソバコスガ
10mm
黒紋
灰黒褐

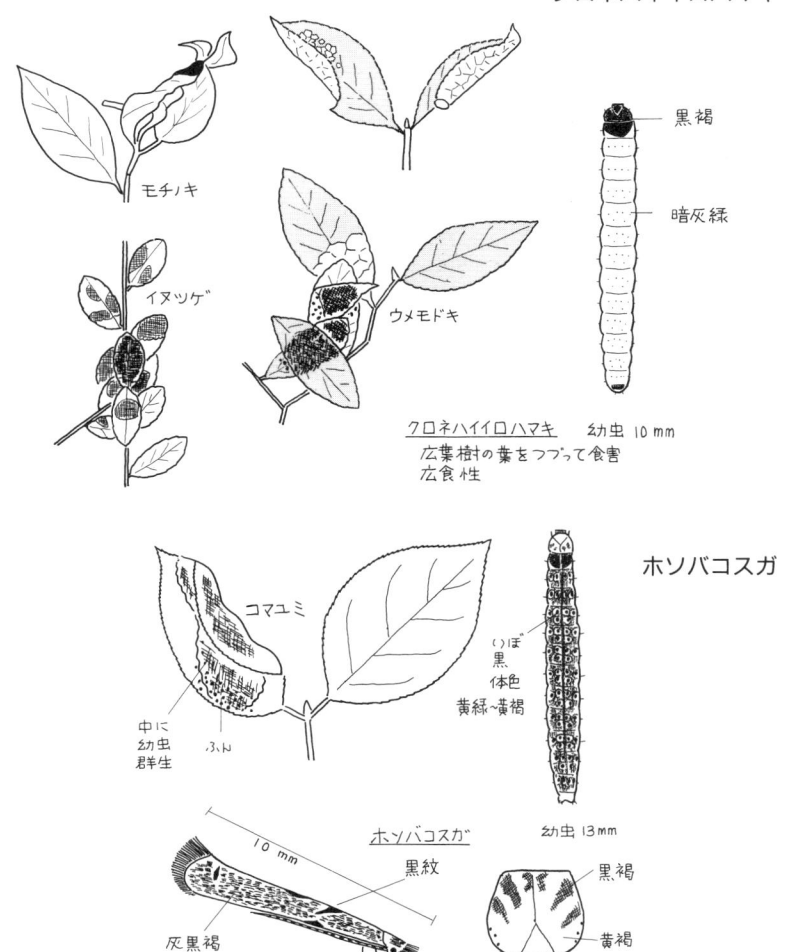

黒褐
黄褐
幼虫頭部

170　食葉昆虫（潜葉型）

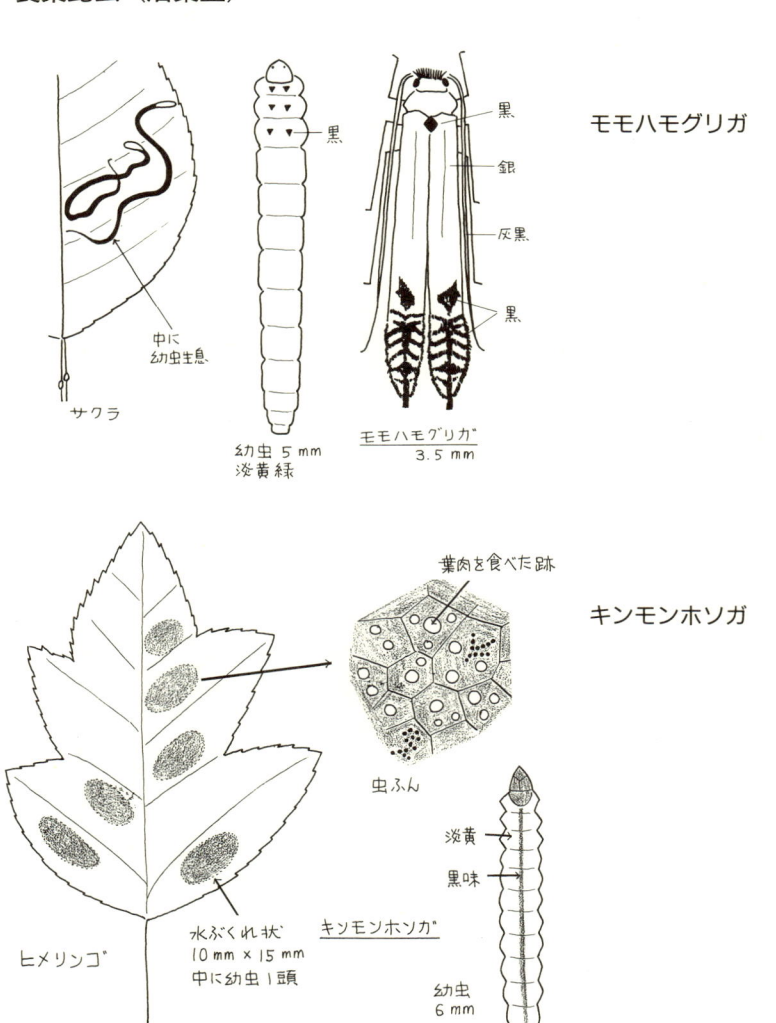

3　食葉昆虫（潜葉型）

モモハモグリガ

中に幼虫生息
サクラ
幼虫 5 mm 淡黄緑
黒
黒
銀
灰黒
黒
モモハモグリガ
3.5 mm

キンモンホソガ

葉肉を食べた跡
虫ふん
ヒメリンゴ
水ぶくれ状
10 mm × 15 mm
中に幼虫1頭
キンモンホソガ
淡黄
黒味
幼虫 6 mm

資料篇　171

ウメモドキ
ハモグリバエ

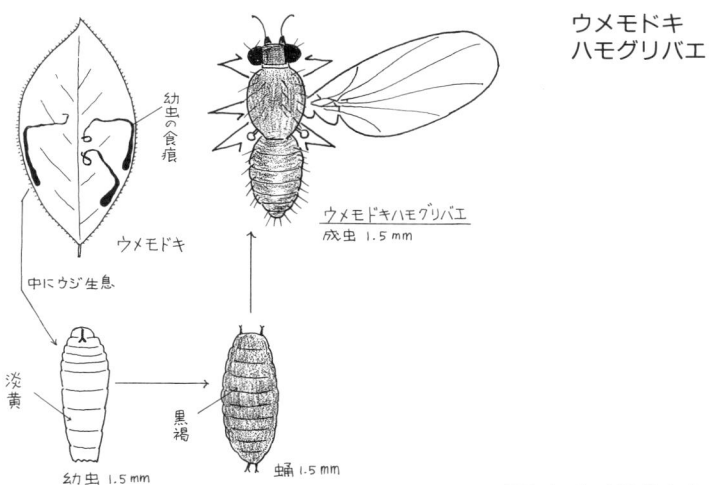

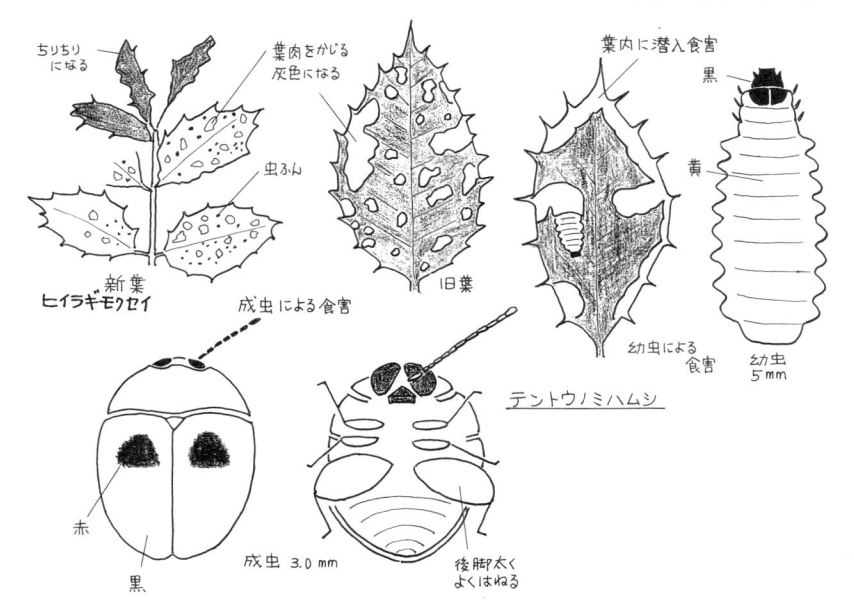

172　食葉昆虫（潜葉型）

アカアシノミゾウムシ

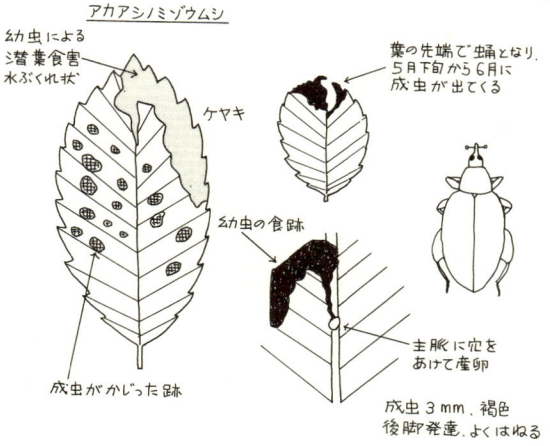

アカアシノミゾウムシ

- 幼虫による潜葉食害　水ぶくれ状
- ケヤキ
- 葉の先端で蛹となり，5月下旬から6月に成虫が出てくる
- 幼虫の食跡
- 主脈に穴をあけて産卵
- 成虫がかじった跡
- 成虫3mm，褐色　後脚発達，よくはねる

ヤノナミガタチビタマムシ

ヤノナミガタチビタマムシ

- 幼虫による潜葉食害　水ぶくれ状
- ケヤキ　東京都　S.49.7.15
- 幼虫 8mm
- 暗色
- 灰白色
- 成虫 3mm
- 体黒色　光沢　灰黄微毛　羽化8月

資料篇　*173*

4　新梢・球果昆虫（しんくい虫）

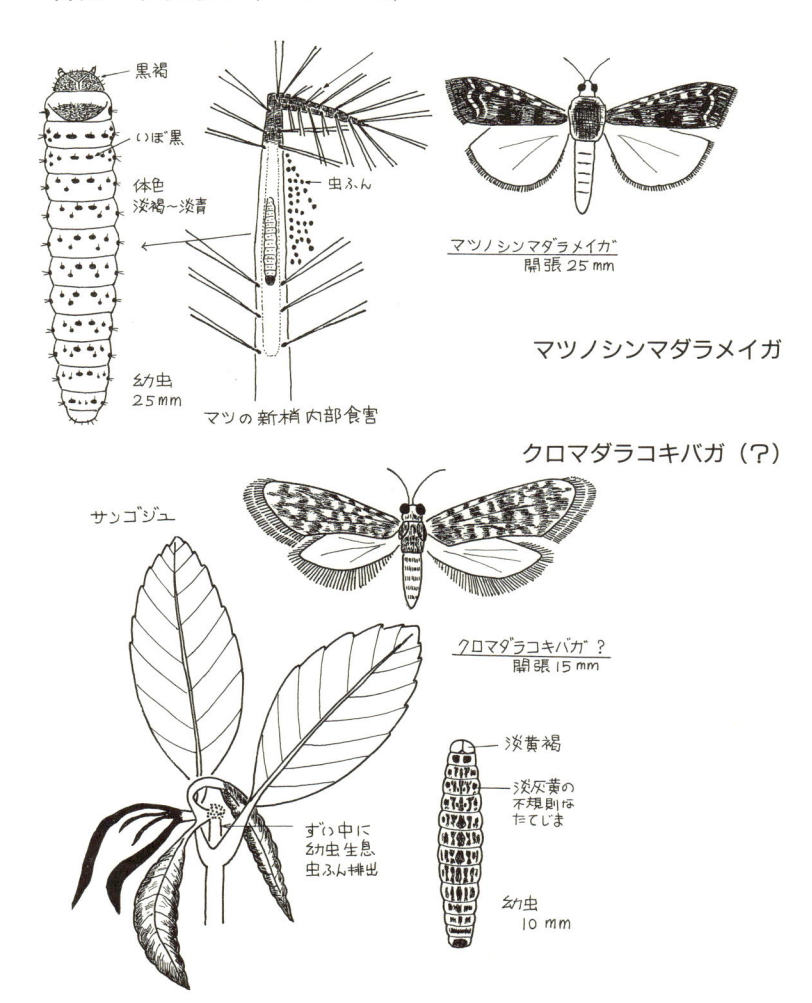

- 黒褐
- いぼ黒
- 体色 淡褐〜淡青
- 幼虫 25mm
- 虫ふん
- マツの新梢内部食害

マツノシンマダラメイガ
開張 25mm

マツノシンマダラメイガ

クロマダラコキバガ（？）

- サンゴジュ
- ずい中に幼虫生息 虫ふん排出

クロマダラコキバガ？
開張 15mm

- 淡黄褐
- 淡灰黄の不規則なたてじま
- 幼虫 10mm

174 新梢・球果昆虫（しんくい虫）

ベニモンアオリンガ

新芽基部
かじって穴をあける

古い被害
新しい被害

ベニモンアオリンガ

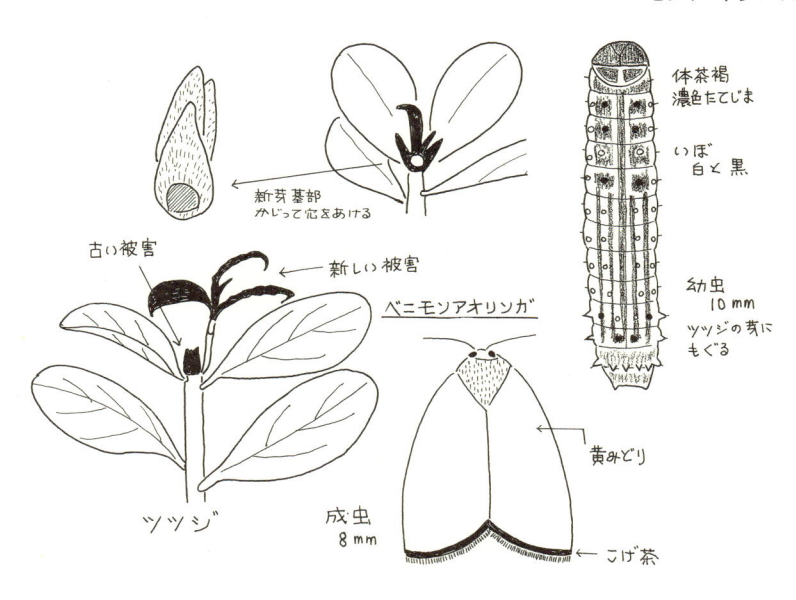

ツツジ

成虫
8 mm

黄みどり
こげ茶

体茶褐
濃色たてじま

いぼ
白と黒

幼虫
10 mm
ツツジの芽に
もぐる

球果昆虫

フトオビヒメナミシャク
トドマツの球果

資料篇　　*175*

マツズアカシンムシ

マツ球果
中に幼虫生息
幼虫 汚黄褐 10mm
虫ふん排出

マツズアカシンムシ
成虫
開張 15mm

ブナヒメシンクイ

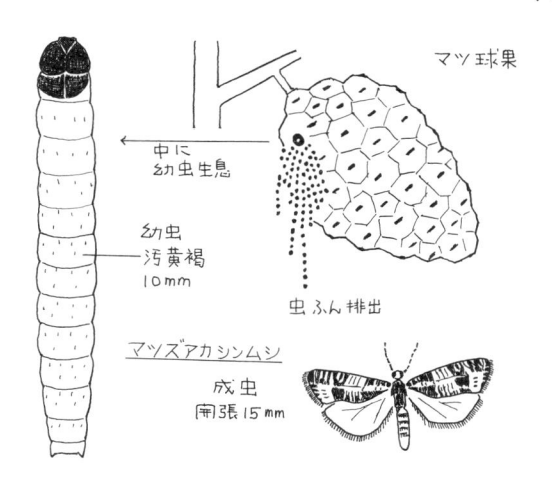

ブナ 被害実　ブナヒメシンクイ
黒変
淡緑
食完

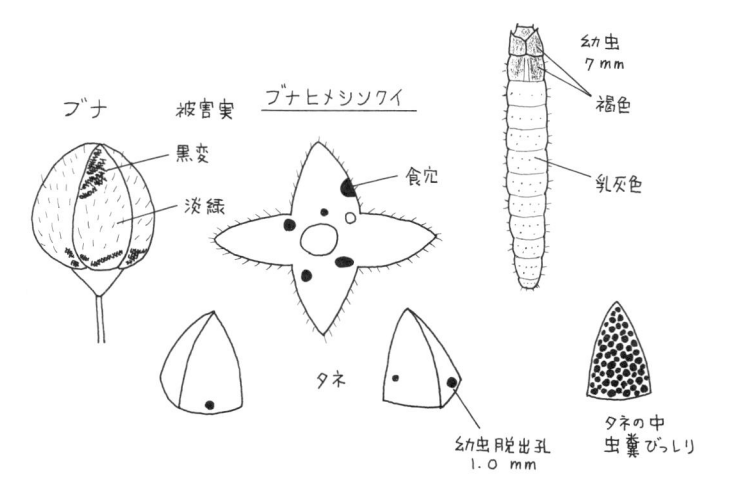

幼虫 7mm
褐色
乳灰色

タネ
幼虫脱出孔 1.0mm
タネの中 虫糞びっしり

5 食根昆虫（根切り虫）

オオスジコガネの成虫
カラマツ

根切り虫の見分け方－コガネムシの幼虫の場合

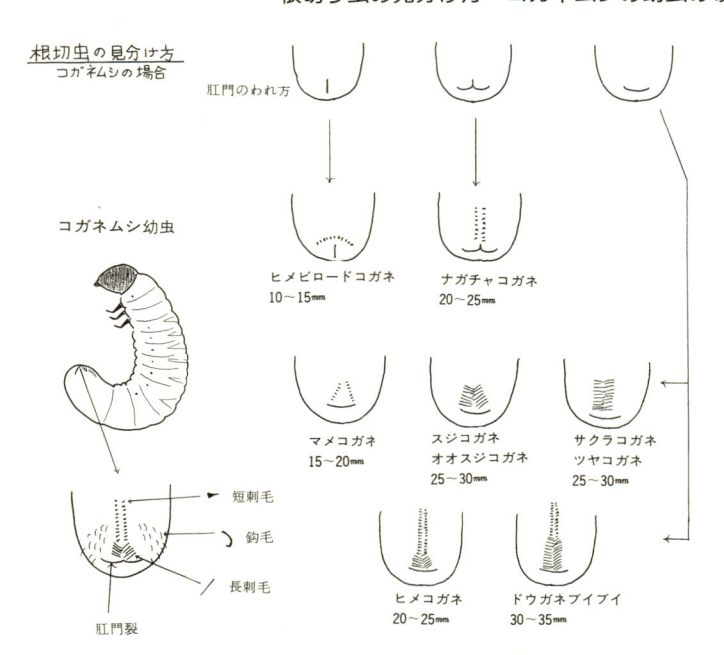

根切虫の見分け方
コガネムシの場合

肛門のわれ方

コガネムシ幼虫

短刺毛
鉤毛
長刺毛
肛門裂

ヒメビロードコガネ
10〜15mm

ナガチャコガネ
20〜25mm

マメコガネ
15〜20mm

スジコガネ
オオスジコガネ
25〜30mm

サクラコガネ
ツヤコガネ
25〜30mm

ヒメコガネ
20〜25mm

ドウガネブイブイ
30〜35mm

6　吸汁昆虫

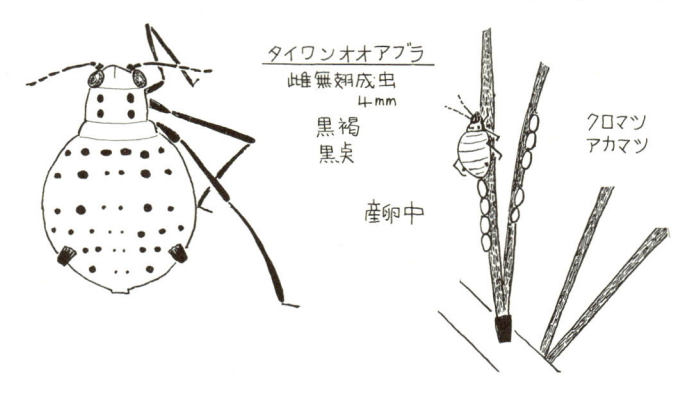

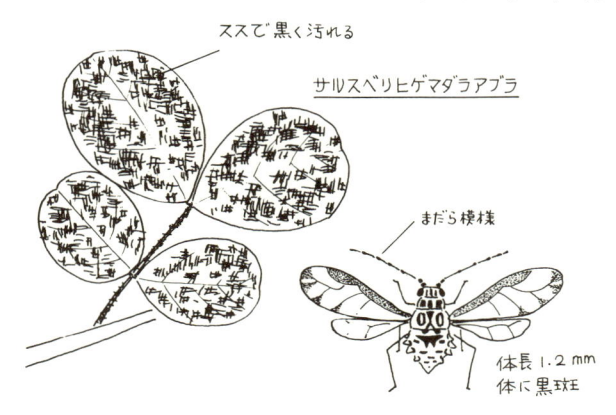

178 吸汁昆虫

ニワトコに寄生したアブラムシ

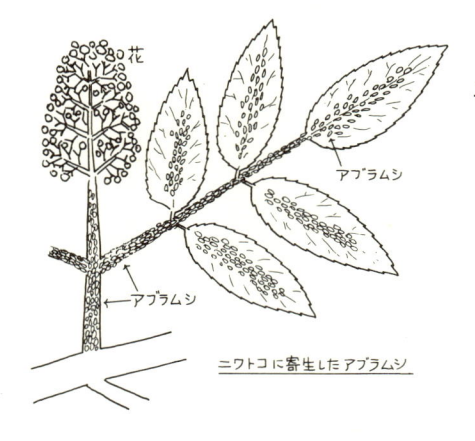

花
アブラムシ
アブラムシ
ニワトコに寄生したアブラムシ

トウネズミモチの
ハマキワタアブラ

トウネズミモチ
中に有翅虫
黒 3mm
子虫
トウネズミモチの
ハマキワタアブラ

中に
無翅虫
灰緑
3-5mm
白綿
かぶる

白綿を
除く

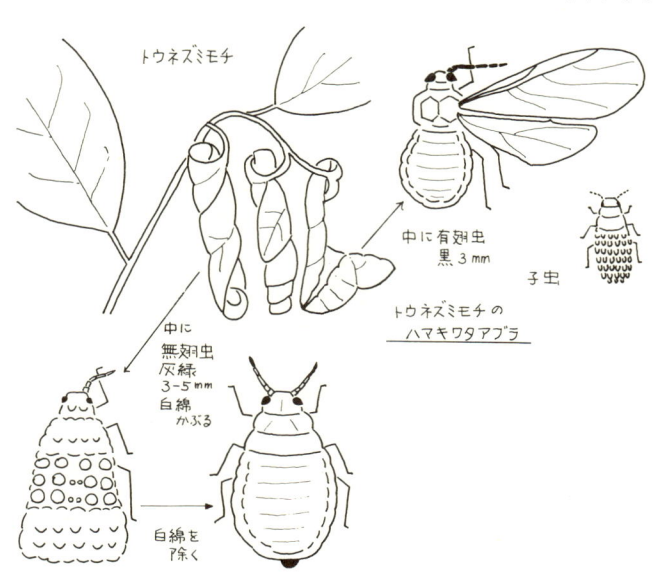

資料篇　　*179*

トベラキジラミ

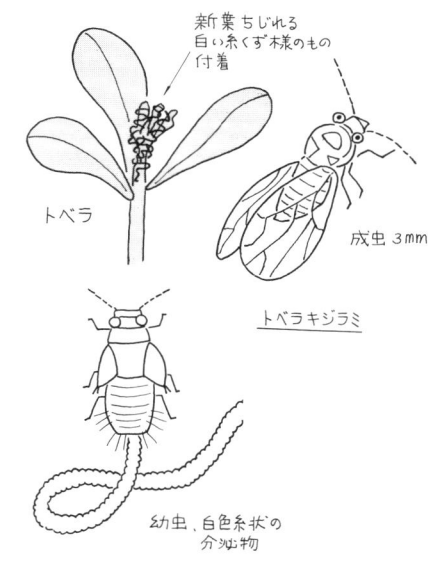

新葉ちぢれる
白い糸くず様のもの付着

トベラ

トベラキジラミ

成虫 3mm

幼虫、白色糸状の分泌物

マツノアワフキ

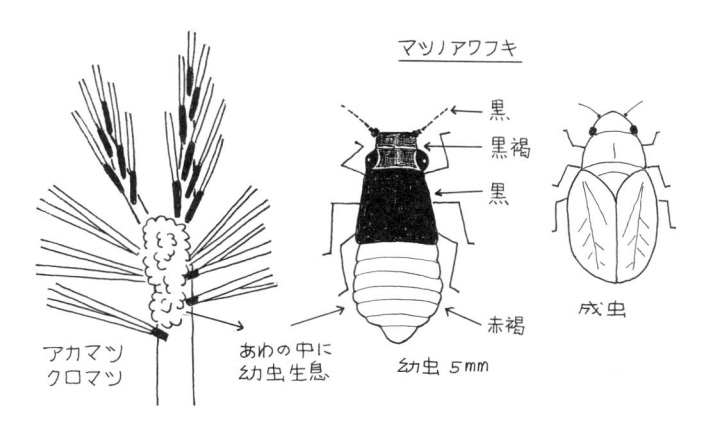

マツノアワフキ

黒
黒褐
黒
赤褐

アカマツ
クロマツ

あわの中に幼虫生息

幼虫 5mm

成虫

180　吸汁昆虫

タケスゴモリハダニ

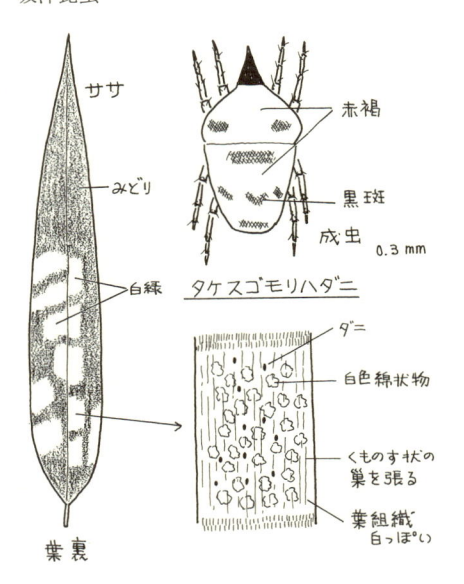

ササ
みどり
白緑
赤褐
黒斑
成虫
0.3 mm

タケスゴモリハダニ

ダニ
白色綿状物
くものす状の巣を張る
葉組織
白っぽい

葉裏

マツカキカイガラ

クロマツ
黄褐
橙褐
暗褐
♀カイガラ
2.5 mm
中に虫の本体

マツカキカイガラ

アカマツ
葉鞘の中にも生息
白っぽくなる
みどり

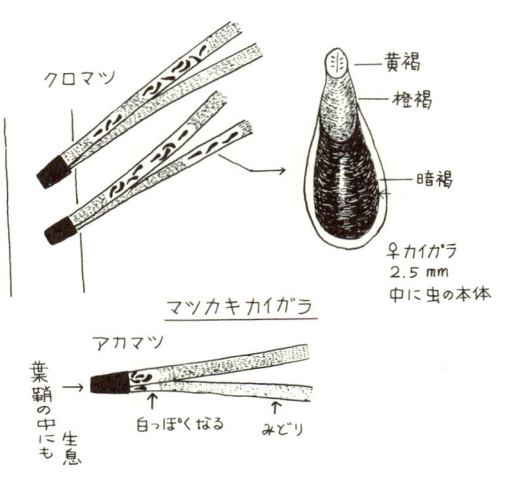

ウメシロカイガラ

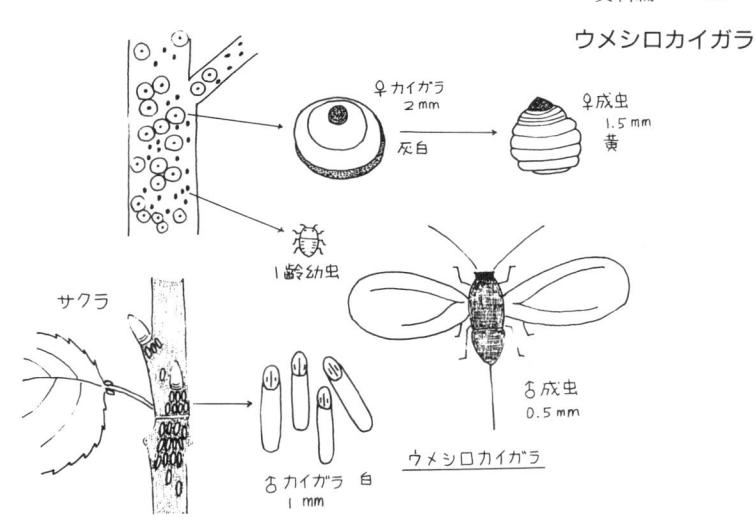

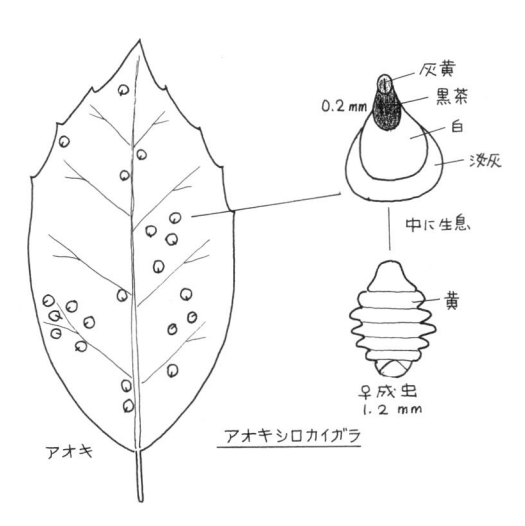

アオキシロカイガラ

182　吸汁昆虫

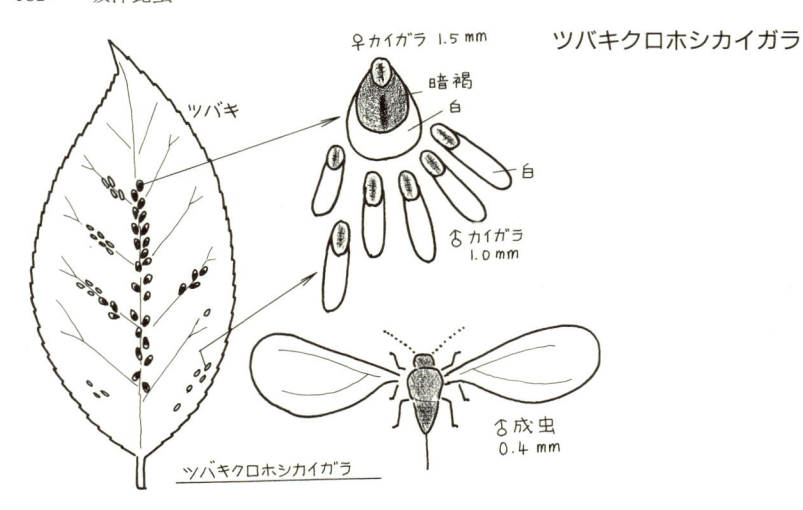

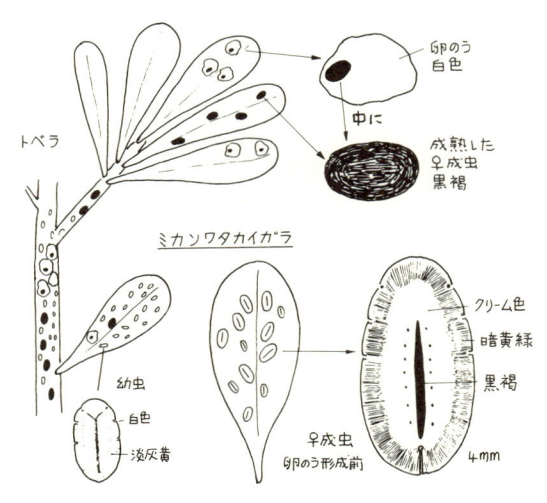

資料篇　　*183*

サルスベリフクロカイガラ

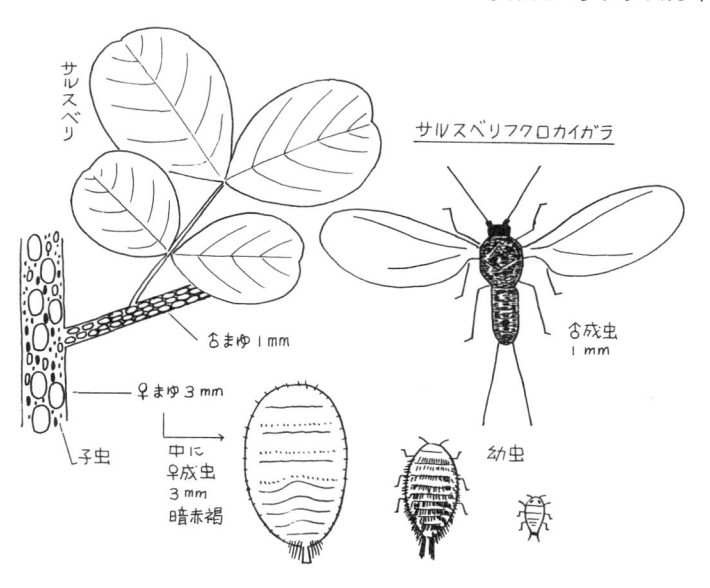

シイマルカイガラ

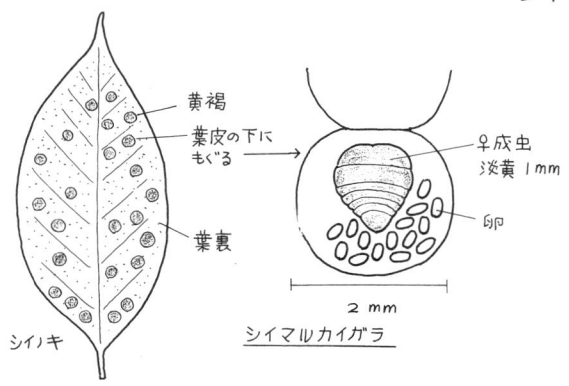

184 吸汁昆虫

シイハモグリカキカイガラ

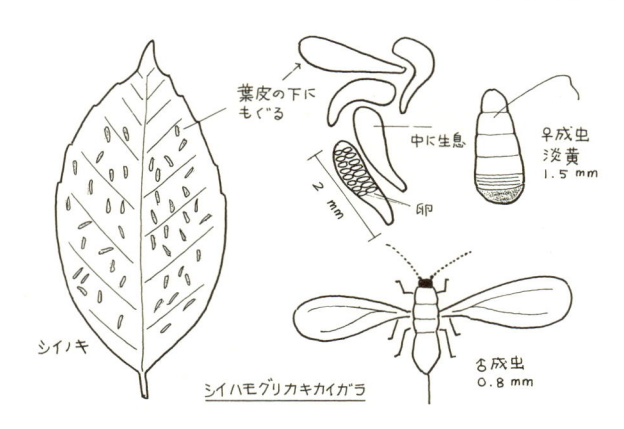

マツモグリカイガラ

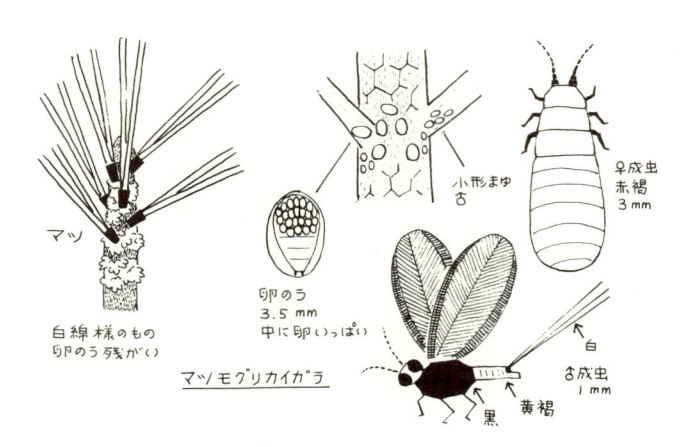

カイガラムシの被害

サルスベリフクロカイガラ
サルスベリ

ウメシロカイガラ
サクラ

カメノコロウムシ
シャリンバイ

186　吸汁昆虫

カイガラムシの被害

マツカキカイガラ
クロマツ

ツバキワタカイガラ
モチノキ

トビイロマルカイガラ
オリーブ（?）

7　虫こぶ昆虫

ケヤキフシアブラムシ

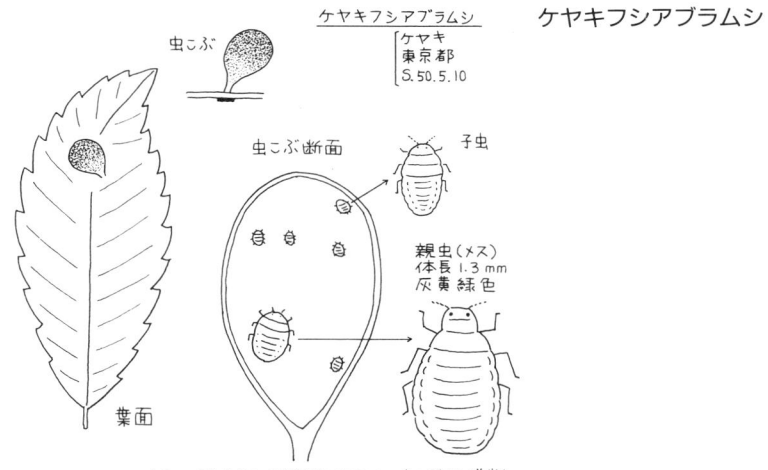

虫こぶ

ケヤキフシアブラムシ
ケヤキ
東京都
S.50.5.10

虫こぶ断面　子虫

親虫(メス)
体長 1.3 mm
灰黄緑色

葉面

6月になると翅のある親虫が現われ、虫こぶから脱出し、ササの根に移動する

マツノシントメタマバエ

正常芽　新しい虫こぶ

アカマツ　古い虫こぶ

幼虫
2 mm
橙黄

成虫
2 mm

マツノシントメタマバエ

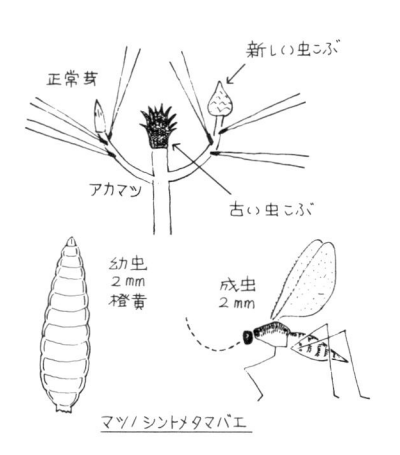

188　虫こぶ昆虫

シロダモタマバエ（仮称）

葉面　葉裏

いぼ状突起
1〜2mm

虫こぶ
2〜4mm, 茶緑

小さな穴
中にウジ生息

微小黒点

体長 0.7mm
淡橙

シロダモ

シロダモタマバエ（仮称）

ヤマブドウエボシタマバエ（仮称）

えぼし状突起
8〜10mm
赤

中に
ウジ
生息

橙黄
2〜3mm

ヤマブドウエボシタマバエ（仮称）

資料篇　*189*

フジノハナタマバエ（仮称）

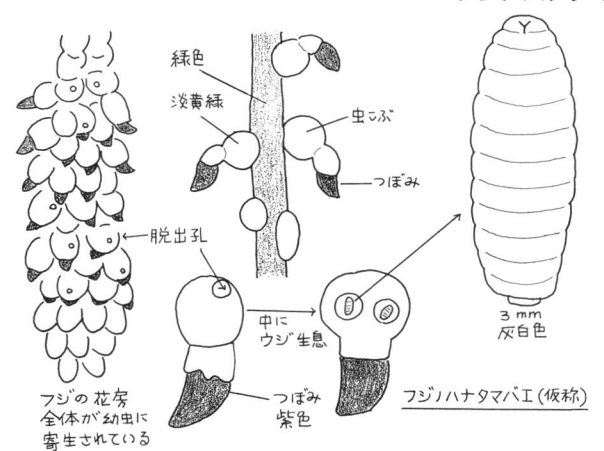

- 緑色
- 淡黄緑
- 虫こぶ
- つぼみ
- 脱出孔
- 中にウジ生息
- つぼみ紫色
- フジの花房全体が幼虫に寄生されている
- 3 mm　灰白色
- フジノハナタマバエ（仮称）

ウダイカンバのフシダニ

- 黄緑～赤緑　1.0 mm
- 微小こぶ
- フシダニ　0.25 mm　淡灰
- ウダイカンバ
- ウダイカンバのフシダニ

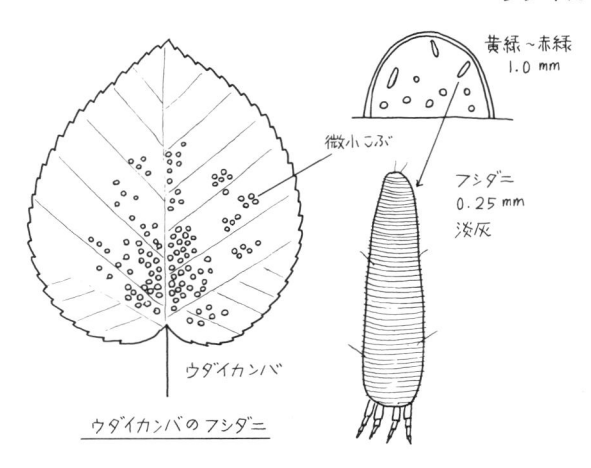

8 穿孔虫

ハンノキキクイ(左)とニレノキクイ(右)

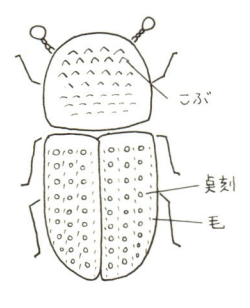

ハンノキキクイ
2mm, 黒, 光沢
多種類の広葉樹に穿材

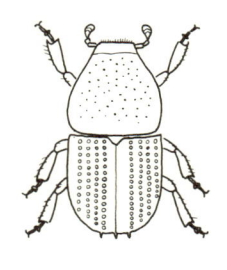

ニレノキクイ
4mm, 黒,
ニレ, ケヤキの樹皮下に穿孔

キクイムシの食痕

ジョウザンコキクイ　ドイツトウヒ

資料篇　*191*

キクイムシの食痕

ホシガタキクイ　ストローブマツ

ニレノキクイ　ケヤキ

エゾキクイ　ドイツトウヒ

192　穿孔虫

コスカシバ

黒／透明／黒黄／成虫15mm

虫糞／サクラ／コスカシバ

黒褐／乳白／幼虫25mm 材の中に生息

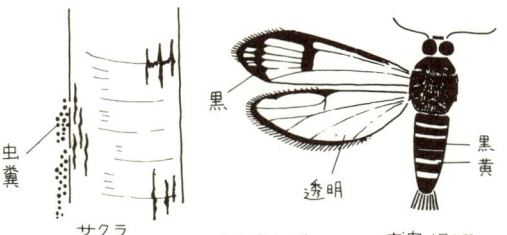

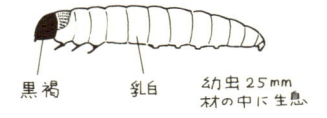

穿材性昆虫

ヤナギシリジロゾウムシ
ヤナギ

コウモリガの幼虫（下）と
成虫（上）ポプラ

9 森の昆虫・動物の社会

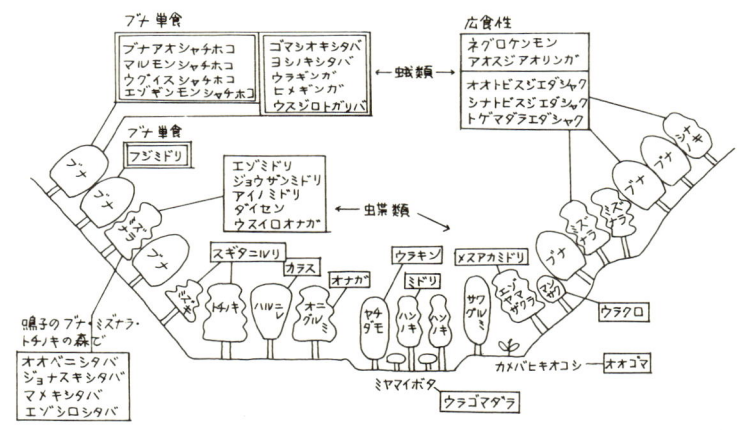

ブナの森の蝶（シジミチョウ科）と蛾（シャチホコガ科, ヤガ科, シャクガ科）

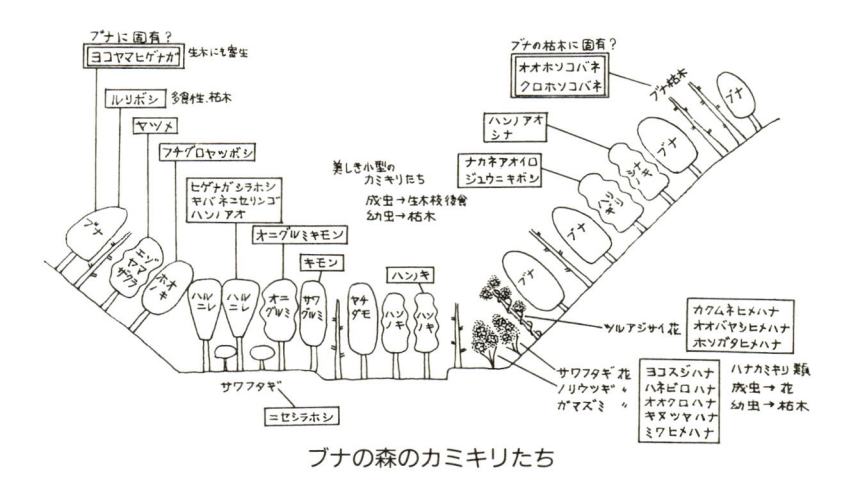

ブナの森のカミキリたち

194　森の昆虫・動物の社会

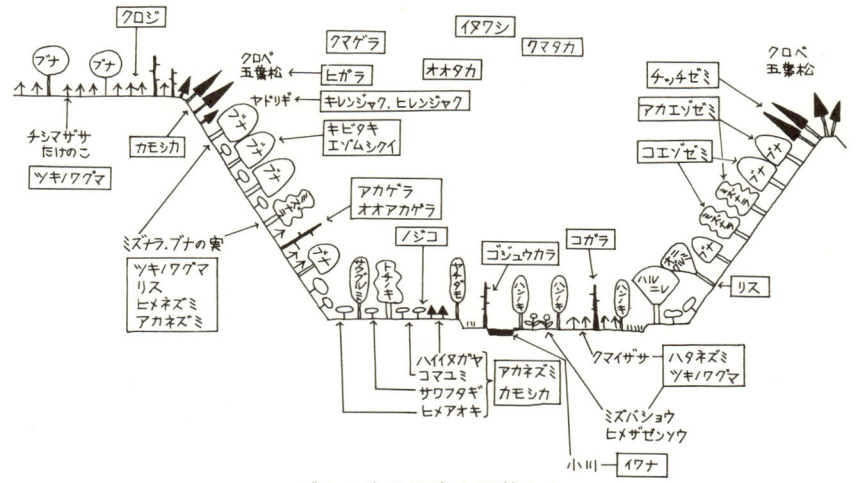

ブナの森の野鳥と動物たち

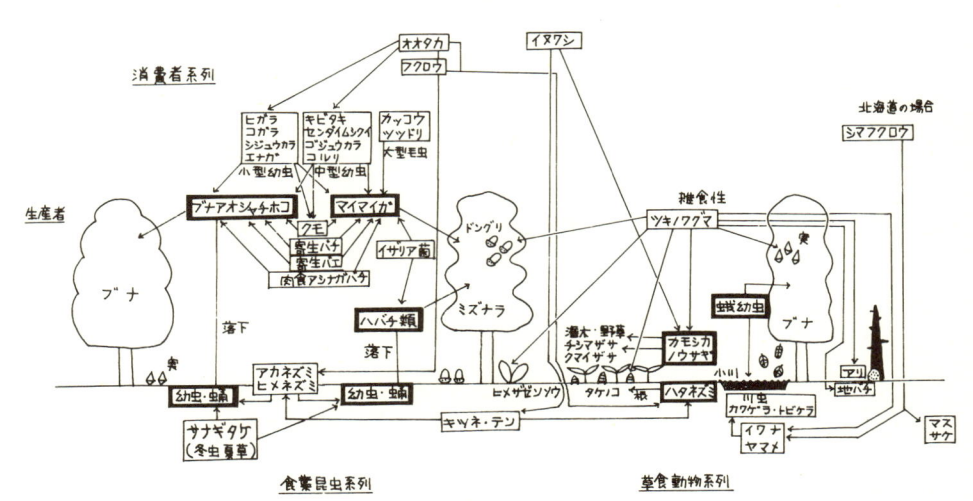

ブナの森の食物連鎖

索　引

太字は図・写真のページを示す。

ア　行

アオキシロカイガラ　181
アオジ　67
アカアシノミゾウムシ　172
アカネズミ　10，**13**，**15**，**16**，**21**，60
アカハラ　67
アカマツ　19，28，**89**
アシナガバチ　59，**75**
アスナロ　47，**49**，**125**
アブラムシ，──類　92，94，100
アメリカシロヒトリ　**74**，**75**，**76**，**91**
アラゲカワラタケ　**138**
アリ　**94**，**146**，**148**
アンブロシア菌　**142**
アンブロシア・ビートル　142
一次性穿孔虫　70，133～136
ウサギの二重消化　27
ウスムラサキスジノメイガ　**167**
ウダイカンバ　**25**
ウメシロカイガラ　**181**，**185**
ウメモドキハモグリバエ　**171**
ウワバミソウ　**43**
エイズ型松枯れ　118～124
衛生択伐　**116**，**117**
エゴノキ　**17**
エゴノネコアシフシアブラムシ　**98**，**100**
エゾキクイの食痕　**191**
エゾマツ　**92**，**116**
エゾヤチネズミ　**15**，19，22
エナガ　59，**86**
エンマコガネ類　153
オオアカズヒラタハバチ　**92**
オオスカシバ　**66**
オオスジコガネ　**176**
オオセンチコガネ　153
オオタマオシコガネ　**150**
オオマグソコガネ　**151**，**152**
オオミノガ　**77**
オオモクメシャチホコ　**163**
オチバタケ　**61**
オナガ　59，**81**
オニグルミ　**17**

カ　行

カイガラムシ　92，96，**97**
改良ポプラ　73
拡大造林　29
果実昆虫　71
カタビロオサムシ　**59**
カッコウ　**69**
活物寄生　130
カドマルエンマ（コガネ）　153，**154**
カビ　61，138，141
カマキリ　59，**75**
カミキリムシ　60，64，113，114，142～145
カミキリ類　113
カメノコロウムシ　**96**，**185**
カメノコロウヤドリコバチ　**96**
カモシカ　38，43～49，**43**，64，**65**，**151**
カラマツ　19，22，28，**90**
カラマツハラアカハバチ　**86**，87
カラマツヤツバキクイ　113
カワラタケ　**138**
キイロコキクイムシ　**114**
キイロハリバエ　**165**
キクイムシ，──類　60，110，113，114，140，142，143
寄生昆虫　59
キツツキ，──類　60，117，136，145，146
キノコ　61，**138**
キノコバエ　**61**
キノコムシ　**61**
球果昆虫　174～175
吸汁昆虫　71，177～186
キンモンホソガ　**170**
グイマツ　19
クチキムシ　**61**
クヌギ　**17**
クマ　50～54，**57**，**151**
クマイザサ　**16**，22
クマネズミ　12
クモ　**147**
クリ　**52**，108～109
クリタマバチ　**98**，108～109，**109**
クロスズメ　**164**

クロツグミ　67
クロネハイイロハマキ　169
クロマダラコキバガ（?）　173
クロマルエンマコガネ　151, 153
クワガタムシ　61
クワカミキリ　133, **135**
化粧剝ぎ　129
ケヤキフシアブラ　187
原生動物　64
コウモリガ　133, 192
広葉樹　19, 20, 134
コガネムシ　148, 176
コキクイ類　113
ゴキブリ　149
コシアブラ　9, 10
コスカシバ　192
コナラ，──属　16, 17, 52, 133
ゴホンダイコク（コガネ）　150, 151, 154
コマグソコガネ　152
ゴマダラカミキリ　133, **136**
コムクドリ　67

サ　行

材穿孔キクイムシ　142
ササ，──類　20, 37, 53
ササラダニ　148
サナギタケ　60
サポニン　17
サル　55～56, 65, 151
サルスベリヒゲマダラアブラ　177
サルスベリフクロカイガラ　183, **185**
シイハモグリカイガラ　184
シイマルカイガラ　183
シカ　34～42, **34**, 57, 64, 65, 151
シジュウカラ　59, 67, 69, 75, 86
死体分解者系列　60
シデムシ　23
シナノナガキクイ　**142**
ジネズミ　23
シバグリ　108
ジバチ　52
死物寄生　130
シャクナゲ　41
周期型大発生　83
シュタケ　138
樹皮下甲虫　71

ジョウザンコキクイの食痕　190
食葉昆虫　70, 73～87, 162～172
食根昆虫　71, 176
シラカンバ　25, 133
シロアリ　64, 142, 149
シロスジカミキリ　133
シロダモタマバエ（仮称）　**188**
新クリタマバチ　108
新梢昆虫　71, 173～174
針葉樹　19, 28, 37, 134
針葉樹の樹脂　19
針葉樹の植林　33
森林昆虫　70, 73
森林性の蛾　65
スエヒロタケ　138
スカラベ・サクレ　150
スギ　28, 49, 125, 126
スギカミキリ　125, 126～130, **127**
スギタマバエ　98, **99**, 108
スギノアカネトラカミキリ　125, 126, 130～132, **131**
ストローブ五葉松，──マツ　89
スミスネズミ　14
生体寄生者系列　60
セグロアシナガバチ　165
セグロシャチホコ　73, **164**
セミの幼虫　148
セルロース　63, 141, 148, 151
穿孔虫　71, 125～136, 145, 190～192
穿材蛾類　71
穿材甲虫　71
センチコガネ　61, 151, 153
線虫　147, 148, 149
潜葉昆虫　70, 71
草原ネズミ　12, 16
ゾウムシ，──類　60, 113, 114

タ　行

ダイコクコガネ　61, 150, 151
タイリクヤチネズミ　20
タイワンオオアブラ　177
鷹狩り　31
タケスゴモリハダニ　**180**
ダニ　147, 148
タマゴバチ　59
タマバエ　99, 100

索引

タマバエヤドリクロコバチ 101, 103
タマバチ 99, 100
ダンゴムシ 147, 148
タンニン 16
チシマカラマツ 19
チシマザサ 16, 51, 52
チャバネフユエダシャク 9, 92, 162
チャミノガ 77
チュウゴクオナガコバチ 109
ツガカレハ 78
ツキノワグマ 16, 18, 50～54, 57
ツグミ類 67
ツツガムシ 24
ツノコガネ 150, 151, 152
ツノロウムシ 96
ツバキクロホシカイガラ 182
ツバキワタカイガラ 186
ツマアカシャチホコ 163
ツヤウチワタケ 138
ツリガネタケ 138
庭園昆虫 70
テルペン 133
天敵群 60
テントウノミハムシ 171
テントウムシ 96
ドイツトウヒ 92
冬虫夏草 60
トガリネズミ 23
トチノキ 17
突発型大発生 78
トドマツ 19, 92, 94, 95
トドマツオオアブラ 94, 95
トビイロマルカイガラ 186
トビクサレ 125, 126
トビマダラシャチホコ 163
トビムシ 147, 148
ドブネズミ 12
トベラキジラミ 179

ナ 行

ナガキクイムシ 140
ナガスネエンマ 153
二次性昆虫 118
ニホンカモシカ 43～49
ニホンザル 55～56
ニホンジカ 34～42

ニホンツキノワグマ 50～54
ニレノキクイ，——の食痕 190, 191
ヌメリツバタケモドキ 138
根切り虫 148, 178
ノウサギ 26
野ウサギ 25～33, 38, 57, 60, 151
野ネズミ 10, 12～24, 38, 60

ハ 行

バイケイソウ 52, 53
ハエ類 67
バクテリア 141
ハコネザサ 22
ハタネズミ 10, 13, 15, 19, 21, 22
ハチカミ 125, 126
ハツカネズミ 12
ハナヒリノキ 34, 39
ハバチ，——類 15, 59, 60, 66, 85
葉巻昆虫 70, 167～169
ハマキワタアブラ 178
ハラアカマイマイ 83
ハリタケ類 139
ハリバエ 59
ハンノキカミキリ 133
ハンノキキクイ 190
ハンノキハムシ 166
ハンノケンモン 164
ヒジリタマオシコガネ 150
微生物 138, 141
ヒタキ類 67
ヒノキ 28, 49, 125, 131
ヒミズ 23, 60
ヒメザゼンソウ 51, 52, 53
ヒメスギカミキリ 130
ヒメネズミ 10, 12, 15, 21, 60
ヒメバチ 59
ヒメミミズ 149
病原生物 61
ヒラタアブ 96
フィールドサイン 10, 12, 48
フクロウ 23
フシダニ 189
フジノハナタマバエ 189
フトオビヒメナミシャク 174
ブナ 9, 10, 18, 21, 32, 34, 43, 51, 52, 140

ブナアオシャチホコ　59, 60, 83, 84, 85
ブナヒメシンクイ　175
冬尺　9
分解・還元者　137
分解者　137
糞虫　150〜154
ベニモンアオリンガ　174
ヘミセルロース　63, 141, 151
ペリット　23
ホシガタキクイ, ――の食痕　113, 191
捕食昆虫　59
ホソバコスガ　169
ホソヨスジノメイガ　168
ホトトギス　59, 69, 82
哺乳動物　9〜57, 60
ポプラ, ――類　9, 73, 90, 136
ポプラハバチ　165

マ　行

マイマイガ　59, 78, 80, 88, 90, 91
マエカドコエンマコガネ　151, 152
マエキオエダシャク　165
巻き狩り　30
マキシンハアブラムシ　92
マツ　69
マツカキカイガラ　180, 186
マツカサアブラムシ　93
マツカレハ　69, 78, 79, 80, 81, 82, 110
マツキボシゾウムシ　112, 118
松くい虫　110〜117, 118
松くい虫防除特別措置法　124
松毛虫　89, 110
松材線虫病　118〜124
マツズアカシンムシ　175
マツノアワフキ　179
マツノキクイ　113, 114, 118
マツノクロホシハバチ　90
マツノコキクイ　113
マツノザイセンチュウ　118, 119, 121, 122, 123
マツノシラホシゾウムシ　114
マツノシンメタマバエ　187
マツノシンマダラメイガ　173
マツノマダラカミキリ　118, 119

マツノミドリハバチ　89, 90
マツバノタマバエ　98, 101〜108, 101
マツモグリカイガラ　184
マルエンマコガネ　151
マンサクフシアブラムシ　98, 99
ミカンワタカイガラ　182
ミズナラ　9, 17, 52, 92
ミズバショウ　51, 52, 53
ミツバチ　52
ミカドキクイ　142
ミノムシ　77
ミミズ　67, 147, 148, 149
ミヤコザサ　37
ムクゲエダシャク　162
虫こぶ昆虫　71, 98〜109, 187〜189
木材腐朽菌　138, 139
モモノゴマダラメイガ　168
モモハモグリガ　170
森ネズミ　12, 16
モンシロドクガ　162

ヤ　行

ヤスデ　147, 148
野生グリ　108
ヤツバキクイムシ　92, 113, 116
ヤナギシリジロゾウムシ　192
ヤノナミガタチビタマムシ　172
ヤマガラ　17
ヤマハンノキ　133, 136
ヤマブドウエボシタマバエ（仮称）　188
ユキウサギ　25, 26

ラ　行・ワ　行

リグニン　63, 141, 148, 151
リス　17
リンゴドクガ　163
ルリセンチ　154
ルリボシカミキリ　145
老衰型松枯れ　118
ワサビタケ　138
ワタノメイガ　167
ワラジムシ　149
ワラビ　37, 39, 47

著者略歴　西口親雄（にしぐち・ちかお）
昭和2年　　大阪生まれ
昭和29年　東京大学農学部林学科卒，東京大学農学部附属演習林助手
昭和38年　東京大学農学部林学科森林動物学教室
昭和52年　東北大学農学部附属演習林助教授　勤務地：宮城県鳴子
平成3年　　定年退官
現　　在　NHK文化センター仙台教室・泉教室講師
　　　　　講座名：「森林への招待」森歩き実践
　　　　　　　　　「アマチュア森林学のすすめ」室内講義

著　書　『森林への招待』八坂書房　昭57
　　　　『森林保護から生態系保護へ』思索社　平1
　　　　『アマチュア森林学のすすめ』八坂書房　平5
　　　　『木と森の山旅』八坂書房　平6
　　　　『森のシナリオ』八坂書房　平8
　　　　『ブナの森を楽しむ』岩波新書　平8
　　　　『森からの絵手紙』八坂書房　平10
　　　　『森の命の物語』新思索社　平11
　　　　『森と樹と蝶と』八坂書房　平13
　　　　『森のなんでも研究』八坂書房　平14
訳　書　『セコイアの森』八坂書房　平9

森林インストラクター　森の動物・昆虫学のすすめ［改訂版］

2001年5月15日　初版第1刷発行
2007年8月10日　初版第3刷発行

著　者　西　口　親　雄
発行者　八　坂　立　人
印刷・製本　壮　光　舎　印　刷㈱

発行所　　㈱　八　坂　書　房
〒101-0064東京都千代田区猿楽町1-4-11
TEL.03(3293)7975FAX.03(3293)7977
郵便振替　00150-8-33915

ISBN978-4-89694-476-1　落丁・乱丁はお取替えいたします
　　　　　　　　　　　Ⓒ 1995, 2001　Nishiguchi Chikao
　　　　　　　　　　　無断複製・転載を禁ず

関連書籍のごあんない

表示価格は税別価格です

アマチュア森林学のすすめ
——ブナの森への招待　西口親雄著

四六　一九〇〇円

森林には「環境保護」と「木材生産」という二つの役割があるが、本書は話題のブナ林に焦点をあて、アマチュアの視点をくずさずに環境保護と森をいろいろな興味から論じたもの。

森と樹と蝶と
——日本特産種物語　西口親雄著

四六　一九〇〇円

日本に特産する樹と蝶を通じて、日本の風土の面白さと豊かさ、優しさを語り、あらためて貴重な樹と蝶とそれを育んだ自然を再発見する。ペン画を多数収録。

森のシナリオ
——写真物語　森の生態系　西口親雄著

A5　二四〇〇円

森と森をすみかとする動物・昆虫と向き合うこと40余年。森を知り尽くした著者が撮り、描いた約300点のカラー写真や絵に軽妙な解説を添えた楽しい森林入門書。

森のなんでも研究
——ハンノキ物語・NZ森林紀行　西口親雄

四六　一九〇〇円

虫やキノコ、菌根菌など、落ち葉や生き物の亡きがらを土に返す分解者を登場させ、その役割や森との関係を解説。さらに、ニュージーランドと対比しつつ、日本の自然を語り、森林研究の楽しさを紹介する。

森からの絵手紙
西口親雄・伊藤正子著　A5変形二〇〇〇円

四季折々に描いた美しい絵手紙に、やさしいエッセイを添えて贈る森からのメッセージ。感じたままを筆に託した絵手紙が、草花や木々との出会いの楽しさ、喜びを伝え、ブナの森・雑木林の温かさを教えてくれる。

木と動物の森づくり
——樹木の種子散布作戦　斉藤新一郎著

A5　二〇〇〇円

樹木は動物を利用している。美味しい木の実を運賃に、動物にタネを運んでもらう。長年の、苗木づくり・森づくりの実践から、樹木の戦略を見事に解き明かし、新たな視点で散布論を展開する。